Stefan Reinhardt

Nachwachsende Rohstoffe

Eine mögliche Basis für eine zukünftige stoffliche Ressource der Industrie

igel Verlag RWS

Reinhardt, Stefan: Nachwachsende Rohstoffe: Eine mögliche Basis für eine zukünftige stoffliche Ressource der Industrie, Hamburg, Igel Verlag RWS 2014

Buch-ISBN: 978-3-95485-168-3
PDF-eBook-ISBN: 978-3-95485-668-8
Druck/Herstellung: Igel Verlag RWS, Hamburg, 2014

Bibliografische Information der Deutschen Nationalbibliothek:
Die Deutsche Nationalbibliothek verzeichnet diese Publikation in der Deutschen Nationalbibliografie; detaillierte bibliografische Daten sind im Internet über http://dnb.d-nb.de abrufbar.

Hermannstal 119k, 22119 Hamburg
http://www.diplomica.de, Hamburg 2014
Printed in Germany

Inhaltsverzeichnis

Einleitung

Als um 1850 die Pottwale beinahe ausgerottet wurden, zeichnete sich in Amerika eine Rohstoffkrise ab, da das aus Walfett gewonnene Lampenöl knapp wurde. Innerhalb der nächsten Jahrzehnte konnte die Krise durch die Entdeckung und Förderung von Rohöl für die anschließende Destillation von Petroleum überwunden werden. Nach und nach wurde Erdöl zu einem der wichtigsten Rohstoffe für die Weltwirtschaft, einer der bedeutendsten Ressourcen zur Erzeugung von Energie, Wärme, Kraftstoffen und der Herstellung chemischer Produkte. Experten aus der Ölindustrie erwarten, dass das Maximum der Förderung des fossilen Rohstoffs, auch als „Peak-Oil" bezeichnet, kurz bevorsteht. Andere Theorien gehen wiederum davon aus, dass sich Erdöl im Gegensatz zu bisherigen Annahmen abiotisch im Inneren des Erdmantels unter hohem Druck und Temperatur ständig neu bildet. Der Gedanke einer zukünftig verstärkten stofflichen Nutzung nachwachsender Rohstoffe soll in Anlehnung an die Entwicklung von Erdölraffinerien im 19. Jahrhundert aber nicht nur eine langfristige Versorgung mit Produkten wie z.B. chemischen Grundstoffen gewährleisten. Eine weitere Motivation ist die Erkenntnis, dass fossiler Kohlenstoff bislang in einem solchen Grad und Volumen anthropogen freigesetzt wurde, dass sich die Zusammensetzung der Atmosphäre im Vergleich zu geologisch und evolutionären Zeiträumen bereits rapide verändert hat – mit potentiell negativen Folgen für sowohl ökologische als auch ökonomische Systeme. Auch die steigenden Preise für Erdöl machen die Nutzung regenerativer Kohlenstoffträger zunehmend attraktiver. Die Frage ist, stehen wir vor einer neuen Revolution oder ist die Vision der Konversion von Biomasse in Chemikalien, Energie, Kraftstoffe etc. noch nicht ausgereift? In dieser Arbeit soll anhand einer Analyse der zur Verfügung stehenden Literatur gezeigt werden, dass nachwachsende Rohstoffe als Basis einer zukünftigen stofflichen Ressource der Industrie großes Potential bieten. Neben der Darstellung ausgewählter Produkte auf Basis nachwachsender Rohstoffe sowie der punktuell ökologischen Bewertung einiger bereits heute hergestellter Produkte, soll veranschaulicht werden, mit welchen Technologien, Anlagekonzepte und Rahmenbedingungen die zukünftige Nutzung nachwachsender Rohstoffe in der Industrie erfolgreich umgesetzt werden kann. Im Fokus dieser Arbeit steht die stoffliche Nutzung (Kapitel 1.2) von nachwachsenden Rohstoffen, wobei untergeordnet auch die energetische Nutzung (Kapitel 1.1) und Produktion von Kraftstoffen thematisiert wird, da es bei der Nutzung zu Überschneidungen kommen kann. Anhand der Bereiche, die bezüglich der Produktionsmengen bereits heute einen Stellenwert erreicht haben, soll ein Einblick in die aktuelle stoffliche Nutzung und eine Bewertung zur ökologischen Einordnung (Kapitel 1.3) der Nutzung nachwachsender Rohstoffe im Vergleich zu fossilen Rohstoffen gegeben werden. Das Kapitel der zukünftigen stofflichen Nutzung thematisiert das Potential nachwachsender Rohstoffe für die Herstellung chemischer Grundstoffe (Kapitel 2.1). Zudem werden erfolgsversprechende Technologien sowie Anlagenkonzepte (Kapitel 2.2) für die integrierte Herstellung von Produkten auf der Basis von Biomasse vorgestellt und exemplarisch ausgewählte Übersichtsökobilanzen verschiedener Bioraffinerie-Konzepte zusammengefasst (Kapitel 2.3). Im Folgenden werden die Flächen- und Nutzungskonkurrenzen nachwachsender Rohstoffe (Kapitel 2.3) im Vergleich der stofflichen und energetischen Nachfrage vorgestellt. Anschließend werden ökonomische Aspekte (Kapitel 4) von Biokraftstoffen, Biokunststoffen und chemischen Grundstoffen thematisiert und die Erwartungen von Akteuren aus Unternehmen, wissenschaftlichen Einrichtungen, Vereinen und Verbänden unterschiedlicher Bereiche der stofflichen Nutzung dargestellt. Abschließend werden die wichtigsten Punkte zusammengefasst, Defizite für eine zukünftig verstärkt stoffliche Nutzung nachwachsender Rohstoffe aufgezeigt und Handlungsoptionen vorgeschlagen (Kapitel 5).

1 Aktuelle Nutzung Nachwachsender Rohstoffe

Die industrielle Nutzung nachwachsender Rohstoffe findet schon heute eine Vielzahl von Anwendungsmöglichkeiten und die chemische Industrie engagiert sich zunehmend ihre Rohstoffbasis auf nachwachsende Rohstoffe umzustellen. Im Vergleich zur stofflichen, hat sich die energetische Nutzung von nachwachsenden Rohstoffen in Deutschland bereits etabliert. Der Fokus im folgenden Kapitel liegt darauf, einen Überblick über die aktuellen Produkte aus nachwachsenden Rohstoffen zu geben, die wichtigsten stofflichen Einsatzbereiche zu identifizieren und im Rahmen einer ökologischen Betrachtung zu bewerten.

1.1 energetische Nutzung

Die Förderung der Energiebereitstellung aus nachwachsenden Rohstoffen hat im Laufe der letzten Jahre in Deutschland zu einer Produktionssteigerung in dem Sektor der Bioenergie geführt (Bundesministerium für Umwelt).

Nahezu alle Arten von Biomasse können als Energieträger eingesetzt werden. (Reinhardt, et al., 2005 S. 1) Als Bioenergie-Träger werden verstanden:

- nachwachsende Rohstoffe: Holz, ein und mehrjährige Pflanzen (Getreide, Raps, Miscanthus, etc.)
- organische Neben- und Reststoffe: Durchforstungs-Holz, Stroh
- organische Abfallstoffe: Abfälle aus der Holzverarbeitung, Landwirtschaft (Gülle, etc.), Gewerbe, Haushalten, Abfälle in Abwässern, Klärschlämmen und Deponien (Heinloth, 2003 S. 339)

Die folgende Abbildung gibt einen Überblick über die verschiedenen Möglichkeiten sowie über die Bereitstellungsketten zur Nutzung von Bioenergie.

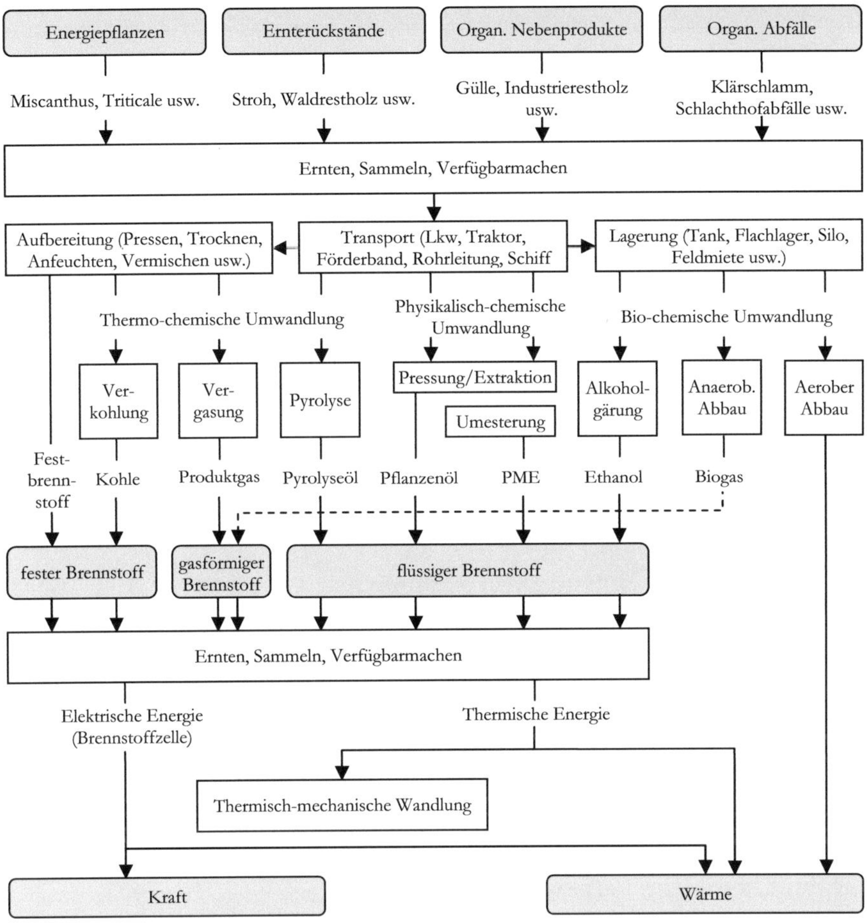

Abbildung 1: Schematischer Aufbau typischer Bereitstellungsketten zur End- bzw. Nutzenergiebereitstellung aus Biomasse (grau unterlegte Kästen: Energieträger, nicht grau unterlegte Kästen: Umwandlungsprozesse, PME Pflanzenölmethylester)

Quelle: (Kaltschmitt, et al. 2009 S. 4)

Der Anbau von Bioenergieträgern zur energetischen Nutzung steht allerdings auch in Konkurrenz zum Erhalt der biologischen Artenvielfalt, dem Erhalt der natürlichen Lebensräume, der vorrangingen Nutzung von Biomasse als Nahrungsträger und der nicht-energetischen Nutzung. (Heinloth, 2003 S. 341).

Der Wissenschaftliche Beirat globale Umweltveränderung geht davon aus, dass eine nachhaltige Erzeugung von Biomasse zur energetischen Nutzung „etwa im Bereich von einem Viertel des derzeitigen und unter einem Zehntel des in 2050 zu erwartenden globalen Primärenergieeinsatzes liegt. Diese Bandbreite stelle allerdings die Obergrenze dar [...] Das wirtschaftlich mobilisierbare Potenzial könnte bei etwa der Hälfte des nachhaltigen technischen Potenzials liegen." (WBGU, 2008 S. 4)

Angesichts des wirtschaftlichen Potenzials solle die energetische Nutzung von Biomasse daher nicht überschätzt werden (vgl. WBGU). Eine effiziente Verwendung von Biomasse sei ohnehin „nur über eine Kaskadennutzung zu erreichen, bei der zunächst die einmalige oder mehrfache stoffliche Nutzung [...] und am Lebensende erst die energetische Nutzung steht." (nova-Institut, 2010 S. 20) Dieses Prinzip biete nicht nur ökonomische Vorteile für einzelne Unternehmen durch verringerte Rohstoffkosten und Entsorgungsgebühren, sondern berge auch Potenzial positiver makroökonomischer Effekte. (Kristof, et al., 2009 S. 19)

Zudem bietet die Bereitstellung erneuerbarer Energien durch Sonne und Wind, Wasserkraft sowie Geothermie im Energiebereich bereits heute eine Vielzahl von Alternativen als der energetischen Nutzung von Biomasse.

1.2 stoffliche Nutzung

„Nachwachsende Rohstoffe [...] sind die einzige alternative Kohlenstoffquelle für die Erzeugung chemischer Produkte, im Gegensatz zur Energieerzeugung, die nicht unbedingt auf kohlenstoffhaltige Rohstoffe angewiesen ist." (Hirth, 2009)

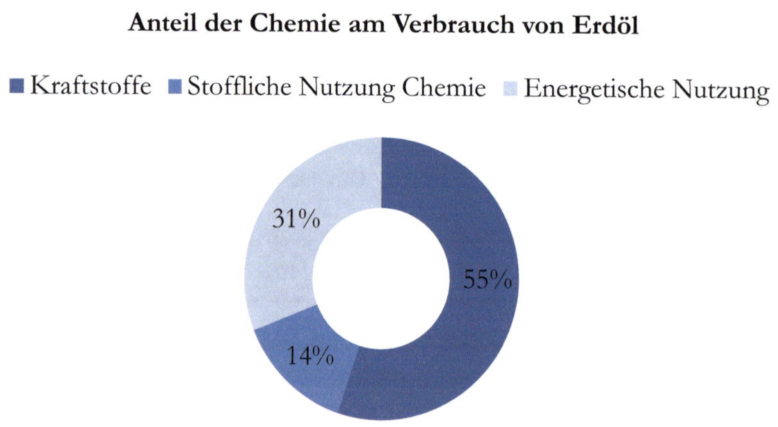

Abbildung 2: Anteil der Chemie am Erdölverbrauch, Deutschland 2008

Quelle: eigene Darstellung mit Daten aus (VCI, 2010)

Die chemische Industrie in Deutschland nutzt derzeit ca. 14 % des Erdöls zur stofflichen Verarbeitung (VCI, 2010). Vor dem Hintergrund steigender Ölpreise und endlicher Verfügbarkeit fossiler Rohstoffe engagiert sich die chemische Industrie daher zunehmend, die Rohstoffversorgung auf nachwachsende Rohstoffe umzustellen (Dechema, GDCh, GGMK, VCI, 2010).

1.2.1 aktuelle Situation in Deutschland

Bei einer Gesamtfläche von 35,7 Mio. ha, verfügt Deutschland über rund 17 Mio. ha landwirtschaftlicher Nutzfläche (bestehend aus 12 Mio. ha Ackerland und 5 Mio. ha Grünland) als Quelle von Agrarrohstoffen sowie etwa 11 Mio. ha Waldfläche als Holzquelle. Holz findet fast ausschließlich in der Säge- und Holzwerkstoff-, Papier- und Zellstoffindustrie, sowie in der energetischen Nutzung Beachtung (Fachagentur Nachwachsende Rohstoffe e.V., 2009). Von den im Jahre 2008 72 Mio. Kubikmeter stofflich genutzten Holzrohstoffen fielen über 96 % auf die oben genannten Industrien (Peters, et al., 2010 S. 66-68). In Kapitel 2 wird das Konzept der Lignocellulose-(LCF)-Bioraffinerie erläutert, welches die Herstellung von Plattformchemikalien[1] aus Lignocellulose[2]vorstellt. Die folgenden Darstellungen fokussieren sich daher auf die Nutzung von Agrarrohstoffen als nachwachsende Rohstoffe.

Die stoffliche Nutzung von Agrarrohstoffen in den Industrien, die nicht zum Nahrungs- oder Futtermittelbereich gehören, entspricht ca. 15 % (Peters, et al., 2010 S. 9). Im industriellen Bereich wurden damit im Jahre 2007 insgesamt 3,6 Mio. t der Agrarrohstoffe genutzt, von denen 2,3 Mio. t (64 %) importiert und 1,3 Mio. t (36%) im Inland gewonnen werden. (nova-Institut, 2010 S. 10). Die Importquote erscheint hoch. Doch dürfe man laut Peters (2010, S. 9) auch nicht vergessen, dass wiederum ein beträchtlicher Teil der auf Basis nachwachsender Rohstoffe hergestellten Produkte exportiert werde.

Die folgende Abbildung gibt einen Überblick über den Einsatz von Agrarrohstoffen in den relevanten verarbeitenden Industrien des Non-Food-Bereichs.

---

1 Substanz-Plattform, von der aus viele andere Produkte aufgebaut werden

2 Lignocellulose bildet das Strukturgerüst, die Zellwand, pflanzlicher verholzter Biomasse bestehend aus Hemicellulose, Cellulose und Lignin

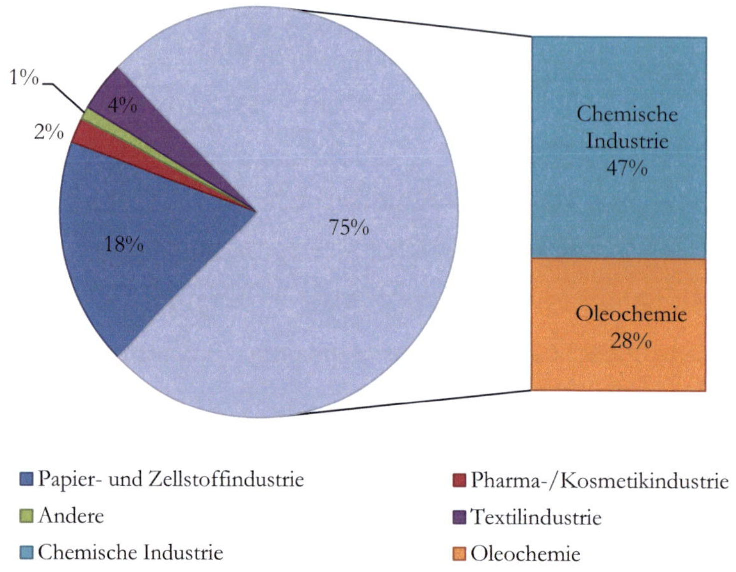

Abbildung 3: Einsatz von Agrarrohstoffen, Deutschland 2007

Quelle: eigene Darstellung mit Daten aus (nova-Institut, 2010 S. 12)

Nachwachsende Rohstoffe, insbesondere Agrarrohstoffe, werden also besonders im chemischen Bereich eingesetzt. Neben einer Vielzahl von Produkten, die beinahe ausschließlich oder hauptsächlich aus nachwachsenden Rohstoffen hergestellt werden, findet man aber auch oft Kombinationen zusammen mit fossilen Rohstoffen wie Erdöl. (Peters, et al., 2010 S. 11)

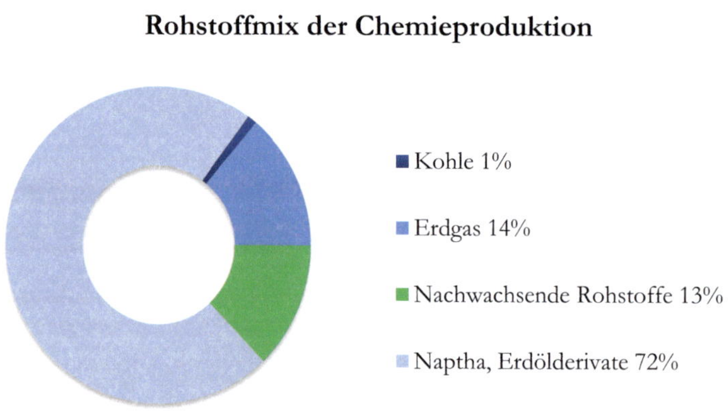

Abbildung 4: Rohstoffmix in der Chemie, Deutschland 2008

Quelle: eigene Darstellung mit Daten aus (VCI, 2010)

In Deutschland wurden 2008 insgesamt 108 Mio. t an Rohöl abgesetzt, das mit knapp 16 Mio. t Rohbenzin (Mineralölwirtschaftsverband e.V., 2009 S. 29/52) als Naphtha in die stoffliche Weiterverarbeitung der Petrochemie einging (vgl. Oertel, 2007 S. 40). Der stoffliche Einsatz fossiler Rohstoffe in der chemischen Industrie im Jahre 2008 betrug insgesamt 18,5 Millionen Tonnen. Nachwachsende Rohstoffe, mit einem Beitrag von etwa 2,7 Millionen Tonnen (Peters, et al., 2010 S. 9) pro Jahr, sind in der chemischen Industrie bereits seit langem etabliert (VCI, 2010).

Die wichtigsten Gruppen der nachwachsenden Rohstoffe in der chemischen Industrie im Jahre 2008 waren nach (VCI, 2010) Fette/Öle mit einer Einsatzmenge von 1,45 Mio. t/Jahr, Cellulose (320.000 t/Jahr), Stärke (272.000 t/Jahr), Zucker (136.000 t/Jahr), sowie sonstiger nachwachsender Rohstoffe (Naturkautschuk, Pflanzenwachse, Harze, Gerbstoffe, Glycerin, Arzneipflanzen) mit 582.000 t/Jahr.

1.2.2 Produkte aus nachwachsenden Rohstoffen

Das Spektrum der stofflichen Verwendungsmöglichkeiten nachwachsender Rohstoffe ist vielfältig. Die folgende Tabelle gibt einen Überblick über die genutzten Inhaltsstoffe verschiedenster Rohstoffquellen und der Produkte aus nachwachsenden Rohstoffen.

Rohstoffe						
Flachs, Hanf, Sisal, Ramie, Jute, Brennnessel, Baumwolle, Kokosfasern, Schilf, Stroh, Holzfasern, Agave, Kork, Altpapier/-textil.	Hölzer verschiedener Baumarten	Zuckerrübe Zuckerrohr Zuckerhirse Topinambur Zichorie Laktose	Kartoffeln, Mais, Weizen, Roggen, Reis, Maniok, Sagopalme, Pfeilwurz, Erbsen	Sojabohne, Erbsen, Raps, Kartoffel, Milch, Federn, Wolle, Leder, Horn	Raps, Lein Sonnenblume, Soja, Rizinus, Koriander, Mohn, Oliven, Baumwolle, Ringelblume, Färberdistel	Arznei-und Gewürzpflanzen, Färberpflanzen, Gerbstoffe, Wachse, Gummi, Harze, Kautschuk
genutzte Inhaltsstoffe						
Fasern	Holz/Cellulose/Ligno-cellulose	Zucker	Stärke	Proteine	Öle/Fette	besondere Inhaltsstoffe
mögliche Produkte						
Baustoffe, Dämmstoffe Papier, Pappe, Verpackung Gärtnerei- und Landschaftsbau Textilien, Bekleidung Technische Textilien Faserverbund werkstoffe Formpreß-teile Vliese, Filtermaterialien	Bauholz Spanplatte, Holzwolle und -platten, Holzfaserplatten Zellstoff Cellulose und Cellulose-derivate Kunststoffe chemische Grundstoffe Gerbstoffe, Farbstoffe Harze, Fette, Wachse	chemische Grundstoffe Kosmetika Pharmaka Waschmittel, Seifen, Tenside Kunststoffe/Polymere Farbstoffe Anstrichmittel/Lösungsmittel Hilfsmittel für Gießereien Hilfsmittel für Betonindustrie	Papier und Pappe Baustoffe Klebstoffe Kunststoffe, Geschirr und Verpackung Waschmittel Chemikalien Pharmaka Kosmetika	Tenside technische Polymere Grundstoffe für Chemikalien Dünger Leime Kasein, Anstrichstoffe Kosmetika Pharmaka Hilfsmittel für Papier-, Textil-, Lederindustrie	Schmierstoffe Hydrauliköle Wasch – und Reinigungs-mittel Kosmetika Pharmaka chemische Grundstoffe Baustoffe Farben, Lacke	Pharmaka Kosmetika Gewürze, Aromastoffe Farbstoffe Gerbstoffe chemische Grundstoffe Gummi, Kautschuk Wachse, Harze, Balsame

Tabelle 1: Produkte aus nachwachsenden Rohstoffen im Non-Food Bereich

Quelle: eigene Darstellung mit Daten aus (AGENS Arbeitsgemeinschaft NaturStoffe)

Neue Biowerkstoffe wie naturfaserverstärkte Kunststoffe (NFK), Wood-Plastics-Composites und Biokunststoffe erleben seit 2006 einen Boom, sind mit Wachstumsraten von über 20 % sehr erfolgreich. (Centrales Agrar-, Rohstoff-, Marketing- und Entwicklungs-Netzwerk e.V., 2009 S. 423).

Die auf Basis nachwachsender Rohstoffe hergestellten Produkte sind zudem eine attraktive Alternative zur Petrochemie, da die Synthesevorleistung der Natur im Endprodukt zumindest teilweise erhalten werden kann (Peters, et al., 2010 S. 12).

Die biobasierten Produktgruppen/Anwendungsmöglichkeiten lassen sich mengenmäßig grob in vier Bereiche einordnen:

- oleochemische[3] Anwendungen und Produkte
- Biowerkstoffe
- Kohlenhydratbasierte organische Grundchemikalien, Fein- und Spezialchemikalien, chemische Zwischenprodukte
- stoffliche Anwendungen und Produkte auf Basis von verschiedenen sonstigen nachwachsenden Rohstoffen

Quelle: (Peters, et al., 2010 S. 26)

oleochemische Anwendungen und Produkte

Die mengenmäßig bedeutungsvollste Stoffgruppe in der Oleochemie sind heutzutage die Tenside, in deren Herstellung in Deutschland jährlich 430.000 t pflanzlicher Öle eingehen. Tenside werden vorrangig aus importiertem Kokos- sowie Palmkernöl hergestellt (Peters, et al., 2010 S. 28/31) und für die Herstellung von Wasch- und Reinigungsmitteln, Pharmaka, Kosmetikprodukten, Textilhilfsmitteln, für die Produktion von Lacken und Farben wie auch als Polymere für die Produktion von Kunststoffen verwendet. Da Tenside sowohl auf Basis petrochemischer als auch oleochemischer Grundstoffe gewonnen werden können (derzeit liegt der Anteil bei je 50%), konkurrieren diese miteinander. Produkte wie Wasch- und Reinigungsmittel aus nachwachsenden Rohstoffen sind im Gegensatz zu auf Basis von Erdöl hergestellten Produkten hautverträglicher und in Abwässern relativ schnell biologisch abbaubar (Oertel, 2007 S. 54)

Eine weitere bedeutende Produktgruppe der Oleochemie ist die Herstellung von Polymeren und Polymeradditiven, Linoleum, Polyurethanen, Polyester, Lacke/Farben und Beschichtungen sowie Lösungsmitteln. In diesem Bereich werden rund 400.000 t pflanzlicher Öle und Fette eingesetzt Durch die Hinzugabe von Polymeradditiven aus Pflanzenölen werden beispielsweise bereits heute die Einsatzeigenschaften petrochemisch basierter Kunststoffe verbessert (Peters, et al., 2010 S. 31f)

[3] Zweig der Chemie, der sich mit dem Studium pflanzlicher und tierischer Fette sowie mit den petrochemisch hergestellten Produktäquivalenten auf Basis nachwachsender Rohstoffe befasst.

Die Nutzung von Bioschmierstoffen und Bio-Ölen stellt mit einem Absatz von ca. 40.000 t jährlich (Marscheider-Weidemann, et al., 2005 S. 104) nur einen kleinen Bereich der oleochemischen Anwendungen dar. Allerdings ist es gerade aufgrund hoher Verluste (Ölverluste ohne betriebsbedingte Schmierstoffverbrennung wie Leckverluste oder der Verbleib in Maschinen) (Marscheider-Weidemann, et al., 2005 S. 101) und den daraus resultierenden Umweltbelastungen ökologisch sinnvoll, verstärkt auf Bioschmierstoffe und -Öle zurückzugreifen.

Biowerkstoffe

Zu den biobasierten Werkstoffen zählen biobasierte Kunststoffe[4], naturfaserverstärkte Werkstoffe und natürliche, biogene Materialien. Letztere sind zum Beispiel Holz für den Haus- und Schiffsbau oder Flachs- und Hanffasern zur Herstellung technischer Textilien wie Segel (Peters, et al., 2010 S. 35).

Der Preis von Kunststoffen ist direkt an die Preisentwicklung des Erdöls als Rohstoffbasis des für die Kunststoffproduktion genutzten Naphthas gebunden. Etwa 4-5 % des in Europa genutzten Erdöls werden in der Chemie für die Herstellung von Kunststoffen verwendet (Endres, et al., 2009 S. 14-16). Das Spektrum biobasierter Kunststoffe hat sich daher im Lauf der letzten Jahre mit Wachstumsraten von 20% in Europa stark erweitert.

Den größten Teil in dem Bereich der Biokunststoffe nimmt die thermoplastische Stärke ein, die durch den Zusatz von natürlichen Weichmachern und Plastifizierungsmitteln, sowie wasserabweisenden biologisch abbaubaren Polymeren, zu Stärkeblends weiterverarbeitet wird (Oertel, 2007 S. 55f). In Granulatform können diese in bereits bestehenden Anlagen zu Folien, tiefziehbaren Flachfolien, Spritzgussartikeln oder Beschichtungen weiterverarbeitet werden (Lörcks, 2005 S. 14).

Zusätzlich zu den neu entwickelten kompostierbaren[5] Kunststoffen (PLA[6], Stärke- und Cellulosewerkstoffe) werden 2010 auch die bekannten Massenkunststoffe PE (Polyethylen), PP (Polypropylen) und PVC (Polyvinylchlorid) erstmals durch Biomassekonversion hergestellt werden können (Centrales Agrar-, Rohstoff-, Marketing- und Entwicklungs-Netzwerk e.V., 2009 S. 483). Neben biologisch abbaubaren

---

[4] auf Basis nachwachsender Rohstoffe hergestellte Kunststoffe, hierzu zählen keine synthetisch hergestellten, abbaubare Kunststoffe

[5] Verrottungszeit von 6-12 Wochen

[6] Polylactide, auch als Polymilchsäuren bezeichnet, sind biokompatible Thermoplaste

Verpackungen wie Mater-Bi ™ (Novamont GmbH, 2010) können biobasierte Kunststoffe je nach Anforderungsprofil aber auch eine lange Lebensdauer haben. Werkstofflich verwendete biogene Thermo- und Duroplaste finden sich heute in vielen Bereichen:

- Verpackungen (Leicht- und Lebensmittelverpackungen, Blister, Loose- Fill, Tragetaschen, Beschichtungen von Papier- und Kartonverbunden)
- Catering (Becher, Teller, Besteck), Bioabfallsäcke
- Agrarbereich, Garten- und Landschaftsbau (Abdeckfolien, Mulchfolien, Pflanz- und Anzuchttöpfe, Bindegarne, Friedhofsartikel)
- Hygieneartikel und Convenience-Produkte
- Spiel-, Sport- und Büroartikel (Baukästen/-steine, PlayMais, Golf-Tees, Kugelschreiber)
- Textilien, Haushaltsartikel (T-Shirts, Matratzen);
- Medizintechnik (Operationsmaterial, Nähfaden, Schrauben, Kapseln, Implantate).
- Strukturbauteile im Automobilbau, der Elektronikindustrie und Haushaltswarenherstellung (Profile, Rohre, Schläuche, technische Gewebe)

Quelle: (Peters, et al., 2010 S. 39)

Diese Biokunststoffe erreichen mit einer Verbrauchsmenge von 45.000 t einen Anteil von nicht einmal 1% im Bereich der werkstofflich verwendeten Kunststoffprodukte. Die nicht-werkstofflich verwendeten biobasierten Kunststoffe stellen mit 340.000 t die überwiegende Menge der biogenen Thermo- und Duroplaste dar. Diese entspricht rund 10 % des Verbrauchs in dem Bereich der nicht-werkstofflich verwendeten Kunststoffprodukte. Die Haupteinsatzgebiete liegen in der Papierherstellung (44%) und der Baustoffchemie (26%). Cellulosederivate finden beispielsweise ihre Anwendung als Wasserrückhaltemittel für den Baubereich und als Bindemittel für Lacke und Farben. (Peters, et al., 2010 S. 38-41). Cellulose wird für die Herstellung von Celluloseacetat[7] und Celluloseester (z.B. als technische Kunststoffe, Zigarettenfilter und Isolierlacke (Fink, et al., 2005)) sowie Cellophan, einem der bekanntesten Kunststoffe für Verpackungen (Eyerer, et al., 2005 S. 43), verwendet. .Pflanzenöl basierte,

---

[7] thermoplastischer Kunststoff aus Cellulose

nicht werkstofflich verwendete Kunststoffe wurden im Abschnitt der oleochemischen Anwendungen und Produkte bereits behandelt.

In der Gruppe der biogenen Elastomere wird Naturkautschuk (oder synthetischer Kautschuk) hauptsächlich für die Produktion von PKW-, LKW- und Flugzeugreifen eingesetzt (Peters, et al., 2010 S. 42). Weitere Einsatzbereiche finden sich in der Produktion von Gummi Handschuhen, Dichtungen, Luftballons, Schläuchen, Gummistiefeln, Schuhsohlen und Transportbändern (Bader, et al., 2009 S. 40).

Cellulosische Chemiefasern bilden mit einer Einsatzmenge von knapp 189.000 t und einem Anteil von 27 % im Jahre 2009 (IVC, 2010 S. 4) ein wichtiges Einsatzgebiet in der Chemiefaserindustrie. Bei der Herstellung von Chemiefasern aus cellulosischen Polymeren unterscheidet man hauptsächlich zwischen Viskose- und Acetatfasern, die dann in die Produktion von Textilien und Geweben eingehen (Industrievereinigung Chemiefaser e.V. S. 14).

Naturfaserverstärkte Kunststoffe (NFK[8]) werden heutzutage bevorzugt als thermo- und duroplastische Formpressteile im Automobilbereich eingesetzt (Centrales Agrar-, Rohstoff-, Marketing- und Entwicklungs-Netzwerk e.V., 2009 S. 533). Hauptsächlich finden NFK Anwendung im PKW-Innenraum bei den Türinnenverkleidungen, da sie nicht zum Splittern neigen und zudem gute akustische Eigenschaften (Schalldämpfung) aufweisen. Mit einer möglichen Gewichtseinsparung von 30 % sind sie ideal für Leichtbau geeignet und herkömmlichen Kunststoffen auch ökologisch überlegen, wie verschiedene Ökobilanzen zeigen (Karus, et al., 2005 S. 7-11). Weitere Anwendungsmöglichkeiten finden sich im Textilbereich, in Spezialpapieren (z.B. Banknoten) und beispielsweise im Baubereich als Dämmstoffe. Verbundstoffe wie Wood-Plastic-Composite (WPC), Holz-Polymer-Werkstoffe werden im Außenbereich (Terrassenbeläge, Fensterrahmen und Zaunsysteme), im automobilen Innenbereich wie auch in der Möbelindustrie erfolgreich eingesetzt (Peters, et al., 2010 S. 45f/64). Beispielhaft soll hier Fibrolon® genannt werden, naturfaserverstärkte Compounds, die spritzgießbar sind und sich damit zu komplexen Profilen extrudieren oder auch zu Automobilinnenaustattung pressen lassen (nova-Institut GmbH, 2010 S. 27).

---

[8] Faser-Kunststoff-Verbund aus Kunststoff und eingearbeiteten Naturfasern

Kohlenhydratbasierte organische Grundchemikalien, Fein- und Spezialchemikalien,

chemische Zwischenprodukte

„Der chemischen und fermentativen[9] Konversion von Kohlenhydraten zu organischen Grundchemikalien, chemischen Zwischenprodukten sowie zu Fein- und Spezialchemikalien oder Pharmaprodukten kommt große Bedeutung zu.".(Peters, et al., 2010 S. 47) In der chemischen Industrie wird durch Synthese und Fermentationen Saccharose[10] vorwiegend für die Herstellung von Polyurethan-Schaumstoffen verwendet. Zucker dient nicht nur als Ausgangsstoff für den Süßstoff Isomalt, für Vitamine oder als Grundlage der pharmazeutischen Industrie (Antibiotika, Hormone, Wachstumsfaktoren sowie therapeutische Proteine und Antikörper), sondern als Biokatalysator bei der Herstellung von Feinchemikalien. (Peters, et al., 2010 S. 47-48) Der Großteil stofflich genutzter Kohlenhydrate findet aber vor allem als Papierstärke in Leim, Papier- und Wellpappeprodukten Verwendung. (Centrales Agrar-, Rohstoff-, Marketing- und Entwicklungs-Netzwerk e.V., 2009 S. 60)

Das mengenmäßig bedeutendste Produkt biotechnischer Herstellung aus kohlenhydratbasierten Pflanzenteilen ist Bioethanol, das heutzutage als Kraftstoffkomponente weit verbreitet ist. (Dechema, GDCh, GGMK, VCI, 2010 S. 28f). Ethanol lässt sich zum Beispiel aber auch für Lösungsmittel, pharmazeutische Präparate oder als Rohstoff für die chemische Industrie nutzen. Zunehmend gewinnt auch die Synthese von Ethen aus Ethanol Bedeutung, einer der wichtigsten chemischen Verbindungen, (Bader, et al., 2009 S. 45-47) und Ausgangsbasis für rund 30 % aller Petrochemikalien (Katalyse Institut für angewandte Umweltforschung, 2010).

stoffliche Anwendungen und Produkte auf Basis von verschiedenen sonstigen nachwachsenden Rohstoffen

Die Verwendung von Arzneipflanzen ist ein mengenmäßig kleiner Bereich, der jedoch im Hinblick auf Umsatzvolumen und Wertschöpfung von Bedeutung ist (Peters, et al., 2010 S. 62). In Deutschland wurden 2004 4.500 t Arzneipflanzen für die Verwendung als Pharmaka angebaut (Oertel, 2007 S. 144). Diese Phytopharma-

[9] bezeichnet in der Biotechnologie die Umsetzung von biologischen Materialien mit Hilfe von Bakterien-, Pilz- oder Zellkulturen oder aber durch den künstlichen Zusatz von Enzymen

[10] Rohr- oder Rübenzucker, Kristallzucker (Disaccharid)

ka[11] sind in Deutschland sehr beliebt und werden von allen Bevölkerungsschichten verwendet (Institut für Demoskopie Allenbach, 2002).

Im Bereich der in Deutschland jährlich verwendeten 1,3 Mio. m^3 Naturdämmstoffe werden vor allem Holz- und Cellulosedämmstoffe eingesetzt (Oertel, 2007 S. 60). Die Anwendungsmöglichkeiten sind vielfältig. So können beispielsweise Holzfaserdämm- oder Holzwolleleichtbauplatten im Mauerwerks- und Betonbau als Dämmung, Putzträger oder auch als Akustikplatte eingesetzt werden. (Brandhorst, et al., 2009 S. 17/26)

Pflanzliche (und tierische) Proteine werden hauptsächlich als Futtermittel verwendet. Zudem werden Proteine wie z.B. Gelatine für die Herstellung von Leimen und Klebern, Casein für die Verwendung als Bindemittel oder Hilfsstoff in der Pharmazeutik, sowie Gluten als Klebereiweiß genutzt (Peters, et al., 2010 S. 63). Das bislang wichtigste industriell eingesetzte pflanzliche Protein ist Sojaprotein, welches vor allem als Grundstoff für Papierstrichmittel und Etikettierklebstoffe dient (Bonk, 1999).

1.3 ökologische Bewertung der Biomassepfade

Produkte aus nachwachsenden Rohstoffen gelten im Vergleich zu fossilen Rohstoffen als die ökologisch „bessere“ Alternative. Um die ökologischen Vorteile dieser Annahme zu prüfen, werden im Folgenden drei Einsatzbereiche bewertet, die bereits industrielle Bedeutung haben und damit als repräsentativ für die derzeitige stoffliche Nutzung nachwachsender Rohstoffe betrachtet werden können. Untersucht werden die Umweltwirkungen im Vergleich zu konventionellen Produkten. Dabei wird der ganze Lebensweg von der Rohstoffgewinnung und dem landwirtschaftlichen Anbau über verschiedene Verarbeitungs- und Transportprozesse und die Nutzung bis hin zur Entsorgung erfasst. „Diese Analyse wählt einen erweiterten, in den ISO-Normen empfohlenen Ansatz, die sogenannte Äquivalenzprozessbilanzierung (Müller-Sämann, et al., 2003 S. 65-75), in der die durch die Kuppelprodukte ersetzten, konventionellen Produkte erfasst werden. Die durch den Wegfall der konventionellen Produkte eingesparten Ressourcen und Emissionen werden dem untersuchten nachwachsenden Rohstoff gutgeschrieben, d.h. von seinen Umweltwirkungen abgezogen“.

---

[11] Arzneimittel aus ausschließlich pflanzlichen Wirkstoffen

Bei vielen der analysierten Lebenswege und Modelle wird das Produkt am Lebensende zur Gewinnung von Energie genutzt, so dass fossile Energieträger eingespart werden können. Aus Platzgründen wird oft eine verkürzte Darstellung wie folgt gewählt:

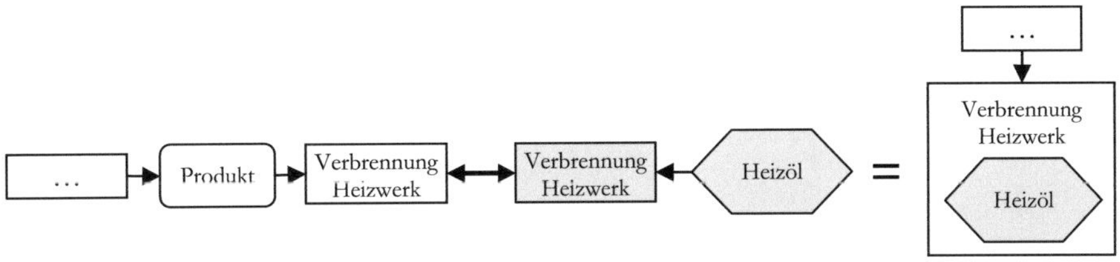

Abbildung 5: Schema der verkürzten Darstellung beim Lebenswegvergleich

Quelle: (Müller-Sämann, et al., 2003 S. 74)

1.3.1 Biokraftstoffe

Bei den aus Biomasse gewonnenen Biokraftstoffen, flüssig oder gasförmiger Natur, wird zwischen Biokraftstoffen der ersten und zweiten Generation unterschieden. Letztere befinden sich noch in der Entwicklungsphase, darunter fallen Ethanol aus Lignocellulose, BtL (Biomass-to-Liquid), Wasserstoff und DME (Dimethylether) aus Biomasse, Methanol, Bio-MTBE (Methyl-Tertiär-Butylether) sowie Butanol (Bühler, 2010 S. 22). BP und Dupont gaben bekannt, dass „Biobutanol mit hoher Oktanzahl bei einem Kraftstoff-Anteil von 16 % eine ähnliche Motorleistung liefert wie bei der derzeit in den USA üblichen 10 Prozent Beimischung von Ethanol in Benzin". Damit sei zu erwarten, dass ein höherer Anteil von Biokraftstoffen durch Butanol erwartet werden könne, ohne dass die Leistung darunter leide (Deutsche BP, 2008 S. 2). Biomethan lässt sich keiner Kraftstoffgeneration eindeutig zuordnen. Zu den Kraftstoffen der ersten Generation zählen „Rapsölkraftstoff und andere nicht chemisch veränderte pflanzliche Öle, Fettsäuremethylester (Biodiesel) sowie Ethanol aus Zucker- oder Stärkehaltigen Pflanzen". Diese können in den meisten Fahrzeugen mit konventionellen Treibstoffen gemischt und vertrieben werden (Bühler, 2010 S. 23).

In den nächsten Ausführungen wird exemplarisch konventioneller Dieselkraftstoff mit RME (Rapsmethylester)-Diesel verglichen, da dieser bereits in größeren Mengen produziert und gut untersucht ist. Die folgende Darstellung stellt die Lebenswege von Diesel und RME sowie die anfallenden Kuppelprodukte dar, für die Gutschriften erfolgen, die den vermiedenen Aufwendungen der somit substituierten Produkte entsprechen.

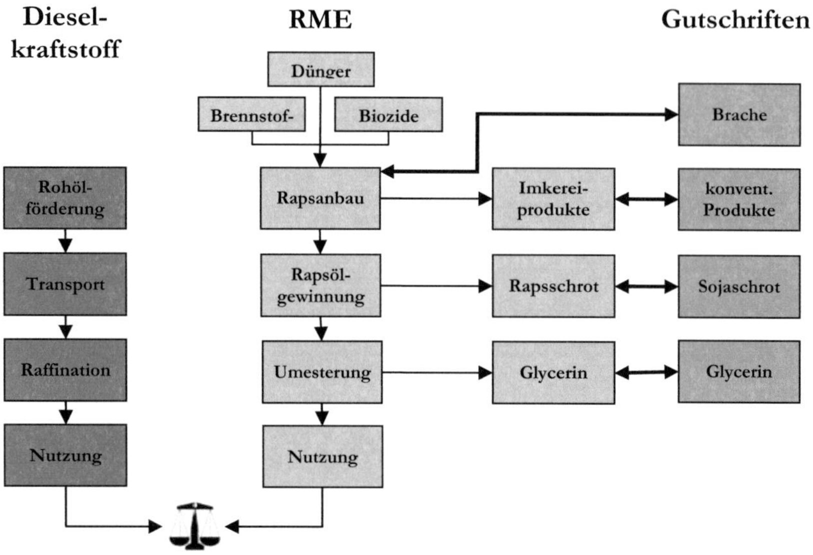

Abbildung 6: Lebenswege von RME und Diesel

Quelle: (Reinhardt, et al., 2005 S. 30)

Das Kuppelprodukt Glycerin trägt wesentlich zu den Vorteilen von RME bei Energieverbrauch (KEA, kumulierter Energieaufwand[12]) und Treibhauseffekt[13] bei. Nachteile ergeben sich im Ozonabbau[14] durch N_2O-Emmissionen, aus der N-Düngerproduktion, und in den Wirkungskategorien der Versauerung[15] (sinkender pH-Wert) und Eutrophierung[16] (Überdüngung). Bei der Ozonkonzentration auf Bodenhöhe (POCP[17], photochemical ozone creation potential) ist fast keine Veränderung zu beobachten.

---

12 Aufwendungen an nicht erneuerbaren Energieträgern; erfasst wird hier die Summe des direkten Verbrauchs von fossilen Energieträger (Erdöl, Erdgas, Kohle und Uran) für Aufbereitung, Förderung sowie Transport der Rohstoffe

13 Erwärmung der Atmosphäre durch anthropogene Freisetzung von bestimmten Gasen; hier werden CO_2, Methan (CH_4) und Lachgas (N_2O) erfasst

14 Zerstörung des schützenden Ozons in der Stratosphäre durch bestimmte Gase wie FCKW oder Lachgas; da in allen Lebenswegen außer Lachgas keine nennenswerten Mengen an ozonwirksamen Gasen freigesetzt werden, wird hier nur Lachgas erfasst

15 Verschiebung des Säuregleichgewichts in Böden und Gewässern durch den Eintrag säurebildender Gase; erfasst werden Schwefeldioxid, Ammoniak und Chlorwasserstoff

16 Einbringung von Nährstoffen in Boden und Gewässern; erfasst werden Emissionen von Stickoxiden und Ammoniak

17 Veränderung der Ozonkonzentration auf Bodenhöhe (Troposphäre) durch die Bildung von Photooxidantien, u.a. Ozon, unter dem Einfluss von Sonnenstrahlung; erfasst wird die Reaktion mit NO_2-Emissionen

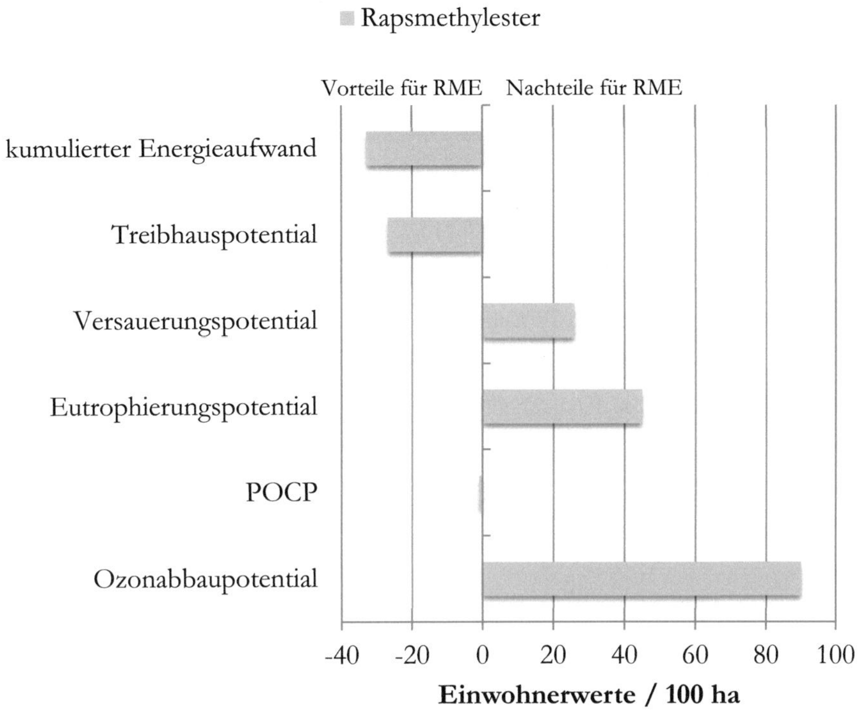

Abbildung 7: **Umwelteigenschaften von RME: Differenzen "RME - Dieselkraftstoff" in Einwohnerwerten pro 100 ha Anbaufläche (Lesebeispiel für den ersten Balken: Durch die Nutzung von RME anstelle von Dieselkraftstoffwerden pro 100 ha angebautem Raps im Saldo so viele nichterneuerbare Energieressourcen-eingespart, wie sie von etwa 33 Bundesbürgern jährlich im Durchschnitt verbraucht werden)**

Quelle: (Reinhardt, et al., 2005 S. 32)

Betrachtet man die Umweltverträglichkeit von Biokraftstoffen ergeben sich die in der folgenden Tabelle zusammengestellten Vor- und Nachteile.

ökologische Vorteile	ökologische Nachteile
• positive Energiebilanz • positive CO_2-Bilanz	• negative N_2O-Bilanz
	• ökotoxische Wirkungen durch Ammoniak • stratosphärischer Ozonabbau
• geringe Meeresbelastung durch (Roh-)Öleinträge	• Eutrophierung von Oberflächengewässern / Erosion • Gewässerbelastung durch Biozide • Grundwasserbelastung durch Nitrat

• niedrigere Umweltbelastung bei Unfällen durch
  • bessere Bioabbaubarkeit
  • geringere Toxizität
	• Flächeninanspruchnahme
	• Verringerung der Biodiversität

• niedrigere Emissionen
  • RME: Partikel, SO_2 sowie tendenziell CO, HC und Aromaten
  • Rapsöl: SO_2
	• höhere Emissionen
	  • RME: NO_x, Aldehyde, Ketone
	  • Rapsöl: CO, HC, Aldehyde und Aromaten

Tabelle 2: Umweltverträglichkeit von Biokraftstoffen aus Rapsöl im Vergleich zu konventionellen Kraftstoffen

Quelle: (Heintz, et al., 1996 S. 50)

Im Vergleich von RME und Dieselkraftstoff sind die Vor- und Nachteile über beide Optionen verteilt. Eine Entscheidung ist allerdings durch ein subjektives Wertesystem möglich wenn dem Treibhauseffekt, und damit einem der wichtigsten anthropogen klimawirksamen Gase Kohlenstoffdioxid (Schellnhuber, et al., 2007 S. 35), die höchste ökologische Priorität gewährt wird.

Da die ökologischen Nachteile überwiegend aus der Landwirtschaft resultieren, können diese durch einen optimierten Anbau ertragssteigender und ökologisch verträglicher Züchtungen kompensiert werden (Reinhardt, et al., 2005 S. 33). Dies gewinnt auch vor dem Hintergrund begrenzter Flächen- und Rohstoffpotentiale zunehmend an Bedeutung (Oertel, 2007 S. 133/138). Das bei der Rapssaat durch Ölgewinnung anfallende Nebenprodukt Rapskuchen kann zudem als organischer Dünger den Einsatz industriell gefertigter Düngemittel reduzieren.

Wie im Beispiel von RME sind die Energiebilanzen aller Biokraftstoffe positiv und auch das Potential zur Vermeidung von CO_2 der einzelnen Biokraftstoffe wird zukünftig noch steigen. (Schmitz, et al., 2006).

Vor allem Biokraftstoffe der zweiten Generation (BtL, Methan, Lignocellulose-Ethanol) aus Reststoffen und Holz schneiden unter gleichzeitiger Berücksichtigung des Treibhauseffekts und der gesamten Umweltbelastungen (hinsichtlich der ökologischen Auswirkungen der Landnutzung, Biodiversität, Boden und Wasser) besser ab als fossile Rohstoffe (Hasenberg, 2009 S. 78). Auch im Vorgleich zu Biokraftstoffen der ersten Generation schneiden beispielsweise BtL-Kraftstoffe aus ökologischer Sicht günstiger ab (IFEU - Institut für Energie- und Umweltforschung Heidelberg GmbH, 2006 S. 59).

1.3.2 Biohydraulik- und Bioschmieröle

Hydraulik und Schmieröle sind prinzipiell aus jedem pflanzlichen Öl herstellbar. Die Herstellung erfolgt im Wesentlichen aus der Ölgewinnung und der Ölaufbereitung. Um die gewünschten Eigenschaften einzustellen, wird das Öl durch Umesterung und Hydrierung zusätzlich modifiziert (Oertel, 2007 S. 63). Die folgende Abbildung zeigt beispielhaft die Lebenswege von Raps und fossilem Hydrauliköl inklusive der Gutschriften für Kuppelprodukte.

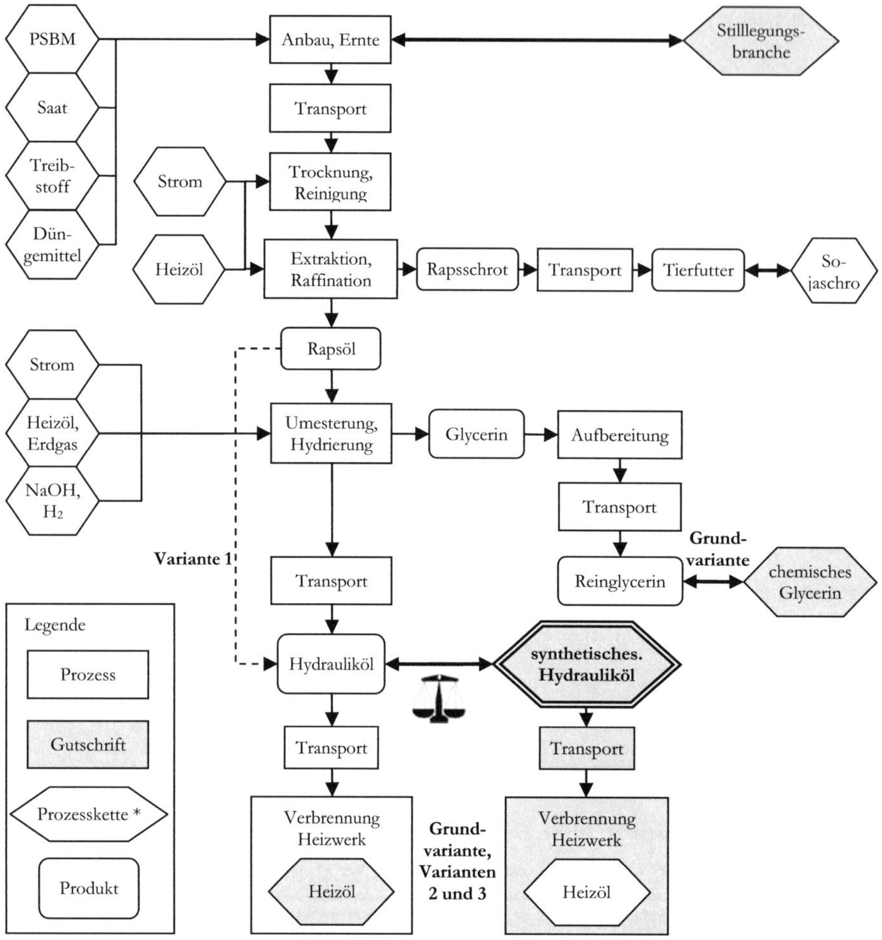

Abbildung 8: Lebenswege von Raps- und fossilem Hydrauliköl

Prozesskette: Prozessfolge ab Rohstoffförderung, Grundvariante: Nutzung des modifizierten Rapsöls in Hydrauliken, Variante 1: Nutzung des reinen Rapsöls in Hydrauliken, Variante 2 und 3: Grundvariante mit kürzerem Ölwechselintervall: um ein Drittel reduzierte Haltbarkeit des modifizierten Rapsöls (2) bzw. des Rapsöls (3); PSBM: Pflanzenschutz- und Pflanzenbehandlungsmittel, NaOH = Natronlauge, H_2 = Wasserstoff

Quelle: (Reinhardt, et al., 2005 S. 7)

Analog zu den Biokraftstoffen fallen bei der Extraktion Kuppelprodukte an für die ökobilanziell Gutschriften erstellt werden. Rapsschrot wird als Tierfutter genutzt und ersetzt somit Sojaschrot, das bei der Modifizierung (Umesterung und Hydrierung) anfallende Glycerin ersetzt petrochemisch hergestelltes Glycerin und die thermische Verbrennung am Ende der Nutzungsdauer ersetzt fossile Energieträger wie leichtes Heizöl (Oertel, 2007 S. 63). Hydrauliköle finden aufgrund ihrer biologischen Abbaubarkeit besonders in umweltsensiblen Bereichen, wie z.B. der Forstwirtschaft, Verwendung. „Der Bioschmierstoffeinsatz ist künftig insbesondere auch für Offshore-Windkraftanlagen interessant“. Durch die hohe natürliche Schmierkraft benötigen Bioschmierstoffe weniger Additive und damit längere Filterwechsel-Intervalle aufgrund von Verschlammung. Wartungsarbeiten auf See werden damit weniger aufwändig und teuer (Peterek, et al., 2010).

Im Folgenden werden die Umweltwirkungen für die Produktlinie Hydrauliköle im Vergleich zu konventionellen Hydraulikölen basierend auf Mineralöl dargestellt.

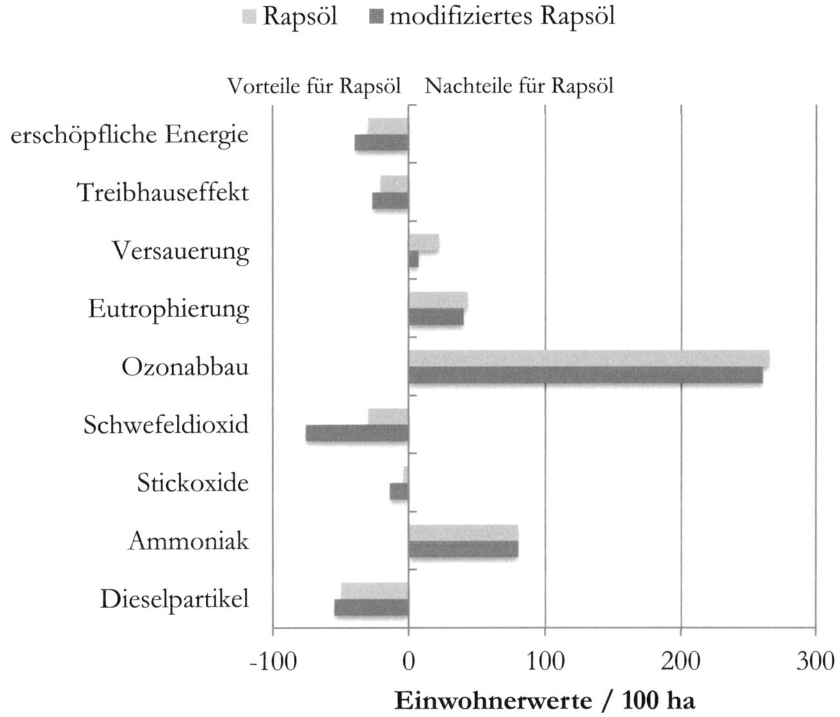

Abbildung 9: **Umweltwirkungen für die Produktlinie Hydrauliköle gegenüber konventionellen Hydraulikölen in Einwohnerwerten pro 100ha Anbaufläche (Lesebeispiel für den ersten Balken: Durch die Nutzung von Rapsöl anstelle von fossilen Ölen als Hydraulikflüssigkeiten werden pro 100 ha angebautem Raps im Saldo so viele nichterneuerbare Energieressourcen eingespart, wie sie von etwa 40 Bundesbürgern jährlich im Durchschnitt verbraucht werden)**

Quelle: (Reinhardt, et al., 2005 S. 8)

Somit ergeben sich in der Energie- und Treibhausbilanz durch das Kuppelprodukt Glycerin beim modifizierten Rapsöl vor allem durch die Gutschrift der am Ende der

Nutzungsdauer thermischen Verwertung deutliche Vorteile gegenüber fossilen Ölen. Nachteile ergeben sich in den Kategorien Versauerung, Eutrophierung und Ozonabbau insbesondere durch Emissionen in der Landwirtschaft. Für die toxischen Luftschadstoffe ergeben sich Vorteile bei den Dieselpartikelemissionen und in der Schwefeldioxidbilanz modifizierter Rapsöle durch die Gutschrift synthetischen Glycerins. Nachteile in der Ammoniakbilanz resultieren zu über 90 % aus der landwirtschaftlichen Produktion durch Herstellung von Düngemitteln und Emissionen aus dem Feld (Oertel, 2007 S. 65).

Die Intervalle, in denen ein Ölwechsel stattfindet, sind ein weiterer Einflussfaktor, welcher Einfluss auf die Aufwendungen der Produktion und auf die Gutschriften der thermischen Verwertung am Ende der Nutzungsdauer hat. Bei den Schmierstoffen bestimmt das Einsatzprinzip (Verlust- oder Umlaufschmierung), ob eine thermische Verwertung am Ende möglich ist. Bioschmierstoffe zeigen bei der Verlustschmierung die größten ökologischen Vorteile gegenüber fossilen Alternativen (Müller-Sämann, et al., 2003).

1.3.3 Biokunststoffe

Wie bei den Biowerkstoffen bereits besprochen hat Stärke den größten Anteil bei der Herstellung von Biokunststoffen. In der Kunststoffverarbeitung in Deutschland nimmt die Produktion von Verpackungen den größten Bereich ein. Die auf der Basis von Polyolefinen produzierten Verpackungen bestehen wesentlich aus Polyethylen (PlasticsEurope Deutschland e.V.). Zusammen mit Reis und Weizen gehört Mais zu den weltweit am häufigsten angebauten Agrarrohstoffen.

Im Folgenden werden daher exemplarisch die Lebenswege von Polymilchsäure (PLA) aus Maisstärke und von erdölbasiertem Polyethylen (PE) betrachtet.

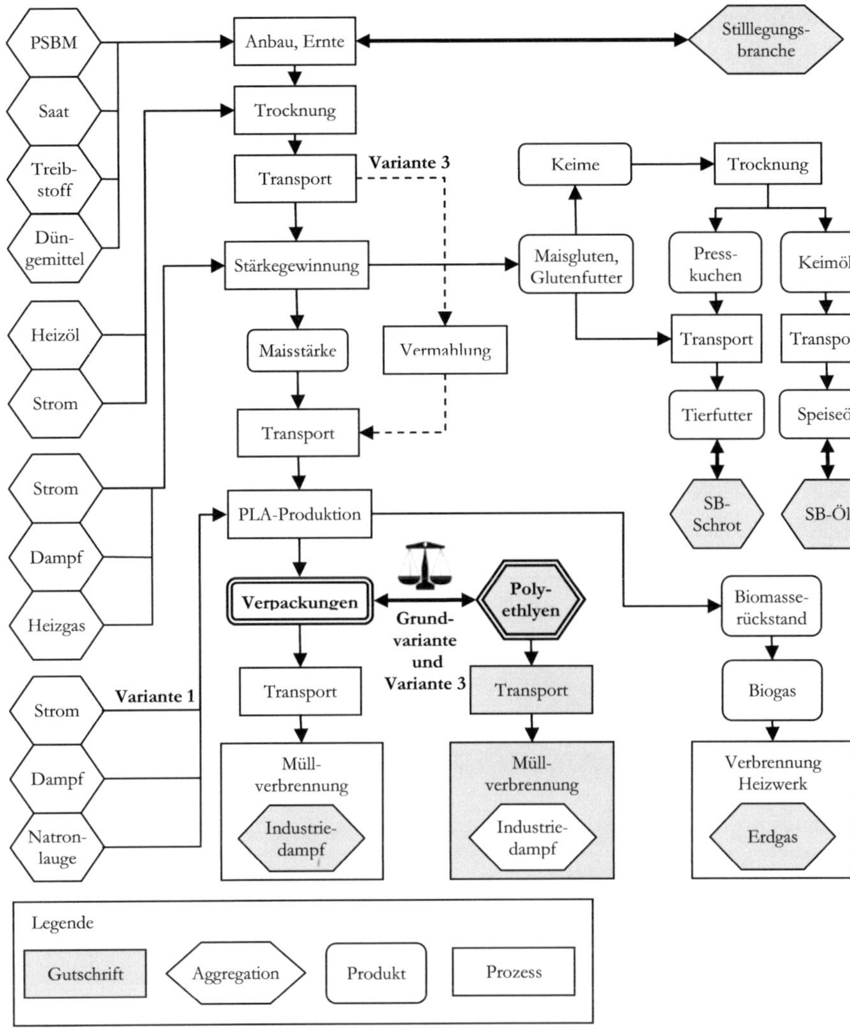

Abbildung 10: Lebensweg von PLA-Kunststoffen aus Mais gegenüber PE-Verpackungen

Grundvariante: Produktion von PLA aus Maisstärke; Variante 1: Variationen im Energiebedarf bei der Biokunststoffproduktion (doppelter bzw. halb so hoher Energiebedarf); Variante 2: Variationen im Gewicht des Vergleichsprodukts (um ein Viertel verringertes bzw. um ein Drittel erhöhtes Gewicht); Variante 3: Vermahlung des Mais statt Stärkegewinnung; Variante 4: Produktion konventioneller Verpackungen aus Polyproylen anstelle von Polyethylen, SB = Sonnenblumen

Quelle: (Müller-Sämann, et al., 2003 S. 87)

Im Lebensweg von PLA fallen Keime und Glutenfutter als Nebenprodukte an. Die Keime werden nach einer Trocknung zu Speiseöl weiterverarbeitet und ersetzen so zum Beispiel Sonnenblumenöl. Presskuchen und Glutenfutter finden als Tierfutter

Verwendung. Nachdem die Maisstärke zu Polyactid-Kunststoffen verarbeitet wurde, wird durch Fermentation der Biomasserückstände Biogas erzeugt, das fossile Energieträger ersetzt. Nach der Nutzungsphase werden die Biokunststoffverpackungen in Müllverbrennungsanlagen thermisch verwertet, dabei wird Industriedampf ersetzt.

Im Folgenden sind die Umweltwirkungen für Verpackungen aus Maisstärke im Vergleich zu PE-Verpackungen aufgeführt.

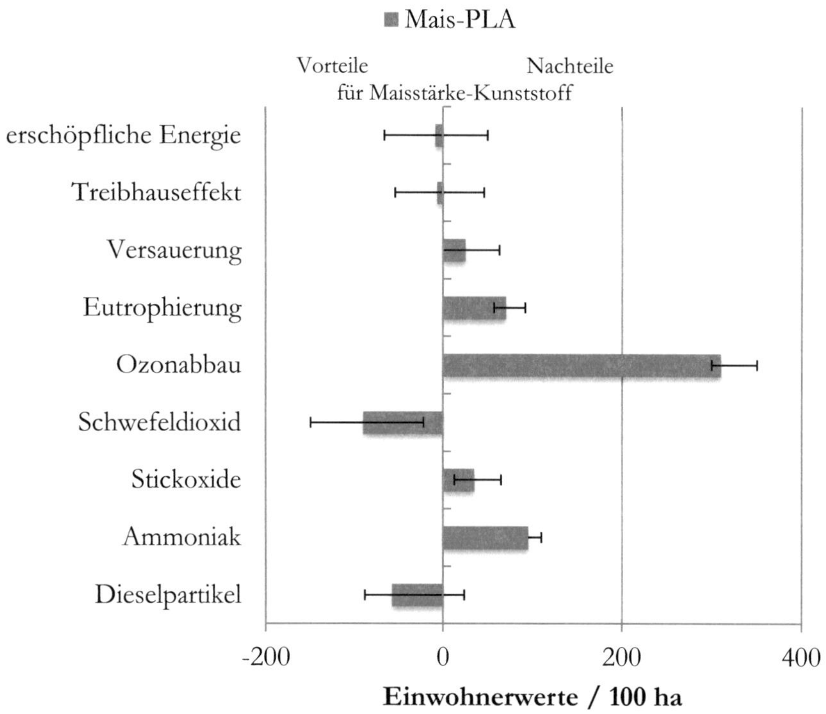

Abbildung 11: Umweltwirkungen für die Produktlinie Mais-PLA gegenüber PE-Kunststoffen in Einwohnerwerten pro 100ha Anbaufläche (Lesebeispiel für den ersten Balken: Durch die Nutzung von Mais-PLA anstelle von PE als Verpackung werden je nach Variante pro 100 ha angebautem Mais im Saldo so viele nichterneuerbare Energieressourcen eingespart (niedrigere Produktionsenergie und äquivalente Masse) bzw. zusätzlich verbraucht (höhere Produktionsenergie und äquivalente Masse), wie sie von etwa 50 Bundesbürgern jährlich im Durchschnitt verbraucht werden)

Quelle: (Müller-Sämann, et al., 2003 S. 88)

Die immensen Bandbreiten resultieren aus den verschiedenen Varianten. In der Grundvariante zeigen die Energie- und die Treibhausgasbilanz keine wesentlichen

Vorteile für das eine oder andere Material. Die anderen Umweltwirkungen fallen deutlich ungünstig für den nachwachsenden Rohstoff aus. Die Begründung hierfür liegt einerseits in den hohen Aufwendungen für die Stärkegewinnung und Herstellung des Kunststoffs. Eine belastende Rolle der Bilanz in den Kategorien Versauerung, Eutrophierung und dem Ozonabbau spielt findet sich zudem in der Landwirtschaft.

Da die Prozesse zur Herstellung des PLA-Kunststoffs auf Stärkebasis noch nicht industriell ausgereift sind, wurde in den Varianten ein veränderter Energieeinsatz bei der Produktion, ein hoher Materialbedarf in der Nutzung und die direkte Nutzung von Maismehl zur Biokunststoffherstellung untersucht. Bei höherem Energieeinsatz fällt die Entscheidung objektiv nachteilig für PLA-Kunststoffe aus. Da sich bei niedrigerem Energieeinsatz allerdings deutliche Vorteile ergeben, zeige dies nach Müller-Sämann, „dass den Verfahren der Biokunststoffproduktion in Zukunft größte Aufmerksamkeit im Sinne einer Minimierung des Energievebrauchs entgegengebracht werden muss“. Ein höherer Materialeinsatz bei gleichem Verwendungszweck zeigt qualitativ das gleiche Bild. Die direkte Nutzung von Maismehl zur Produktion von Kunststoffen hebt die Vorteile bei den Dieselpartikelemissionen auf und zeigt aufgrund der fehlenden Kuppelprodukte wie Tierfutter auch keine Vorteile beim eingesparten Aufwand zur Stärkegewinnung. Auch der Ersatz von Polyethylen mit Polypropylen als konventionellem Vergleichsprodukt zeigt keine wesentlichen Änderungen der Ergebnisse (Müller-Sämann, et al., 2003 S. 89f).

Hinsichtlich der nachteiligen Umweltwirkungen Versauerung, Eutrophierung und Ozonabbau lohne sich nach Müller-Sämann aus ökobilanzieller Sicht eine ökologische Optimierung der landwirtschaftlichen Produktion durch Gründüngung mit Zwischenfrüchten[18]und Anpassung der Fruchtfolgen[19] „ohne Einschränkung“. Die Vorteile seien proportional zur eingesparten Menge von mineralischen Stickstoffdüngemitteln.

Die folgende Abbildung zeigt die Ergebnisse für drei Kulturen, dargestellt als Differenz zwischen dem Ergebnis optimierter und nicht optimierter Landwirtschaft.

---

[18] Feldbestellung bei der die Frucht nicht geerntet, sondern wieder in den Acker gepflügt wird

[19] Felderwirtschaft, in bestimmter Reihenfolge im Ablauf der Vegetationsperiode und Jahre angebauter Nutzpflanzenarten

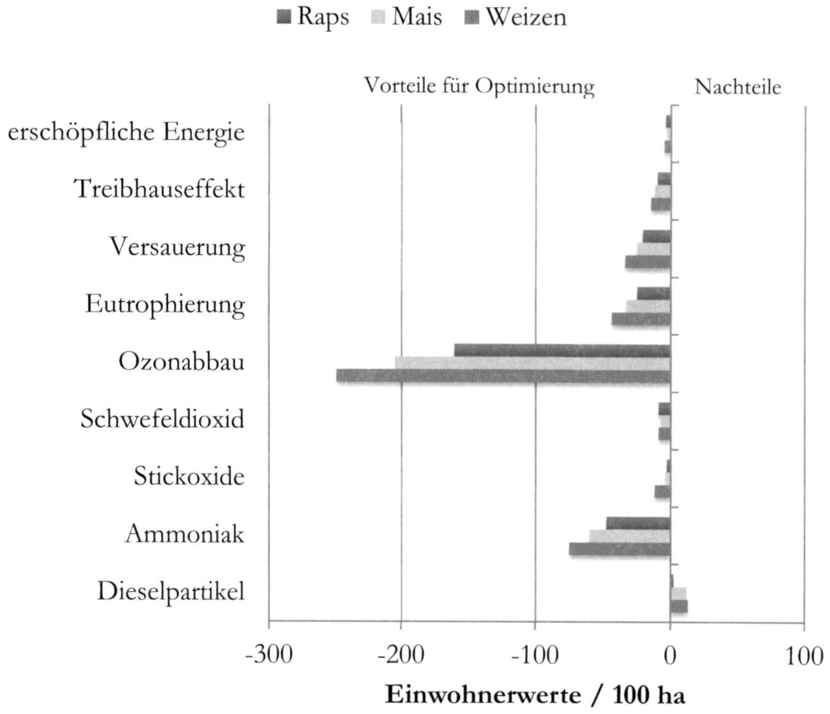

Abbildung 12 **Umweltwirkungen für die Produktlinie Weizen, Körnermais und Winterraps in Einwohnerwerten pro 100ha Anbaufläche**

Durch den Anbau von Mais in einer optimierten Fruchtfolge werden pro 100 ha Anbaufläche gegenüber konventionellen Anbauverfahren im Saldo z.B. damit so viele Versauerungsgase vermieden, wie sie von etwa 25 Bundesbürgern jährlich im Durchschnitt verursacht werden. Auf diese Art lassen sich oft nachteilige Umweltwirkungen von landwirtschaftlichen Produkten mildern und auch zu Vorteilen für das biogene Produkt umwandeln (Müller-Sämann, et al., 2003 S. 110f). Kapitel 5 wird explizit auf nötige Forschungs- und Entwicklungsfelder eingehen um Handlungsempfehlungen für den Einsatz nachwachsender Rohstoffe zu geben.

Vor dem Hintergrund eines weiter wachsenden Kunststoffmarktes (PlasticsEurope, 2010 S. 9) ist das Substitutionspotential hinsichtlich der Produktion ressourcen- und energieeffizienter Kunststoffe aus nachwachsenden Rohstoffe von großer Bedeutung (Bundesministerium für Umwelt, Naturschutz und Reaktorsicherheit, 2007). Biokunststoffe können zudem nicht nur durch Energierückgewinnung, sondern auch durch zahlreiche andere Abfallbeseitigungssysteme wie mechanisches und chemisches Recycling, Kompostierung und Vergärung aufbereitet werden (European Bioplastics e.V., 2008).

Bei einer Kunststoffabfallmenge von insgesamt 4 Mio. t pro Jahr in Deutschland und einer (werkstofflich, energetischen oder rohstofflichen) Verwertungsquote von insgesamt 58 % Im Post-Consumer Bereich (PlasticsEurope Deutschland e.V. S. 6) liegt auch hier noch Potential für eine Entlastung der Umwelt.

2 Zukünftige stoffliche Nutzung von Nachwachsenden Rohstoffen

Die zukünftige stoffliche Nutzung nachwachsender Rohstoffe betrachtet die Herstellung von Produkten auf der Basis nachwachsender Rohstoffe im Konzept der Bioraffinerie. Zu den bereits in Kapitel 1.2.2 beschrieben Produkten könnten zukünftig auch chemische Grundstoffe in Bioraffinerien hergestellt werden. Diskutiert wird der Grundgedanke, Plattformchemikalien zukünftig in Analogie zu den bereits bestehenden Erdölraffinerien in Bioraffinerien herzustellen. Dabei spielen die technologischen Verfahren zur Konversion von Biomasse in deren Bestandteile eine wesentliche Rolle für die Weiterverarbeitung in Kunststoffe, Plattformchemikalien und Kraftstoffe. Neben den wichtigsten chemischen und biotechnologischen Verfahren, werden die meistversprechenden Wege zur effizienten Synthese von Biomasse vorgestellt. Daneben findet sich ein Überblick über die verschiedenen Typen von Bioraffinerien, deren Produkte, als auch eine ökologische Bewertung.

2.1 chemische Grundstoffe

„Die Petrochemie beruht auf dem Prinzip, aus Erdöl einfach zu handhabende und definierte, chemisch reine Grundstoffe in Raffinerien zu erzeugen." (Kamm, 2008) Der für die heutige Chemie wichtigste Grundstoff wie in Kapitel 1.2.1 bereits besprochen ist Naphtha, der beim cracken[20] zu einer Vielzahl von Alkenen wie z.B. Ethen und Butan, sonstigen (un)gesättigten Kohlenwasserstoffe sowie aromatischen Verbindungen wie beispielsweise Benzol weiterverarbeitet wird. Obwohl die meisten Chemikalien auf der Basis von Erdöl produziert werden, findet sich in der Massenproduktion von Ethanol bereits heute ein wichtiges Beispiel biobasierter Chemikalien.

Auf Basis von Cellulose, Stärke und Pflanzenölen werden derzeit aus Gründen der Wirtschaftlichkeit nur bestimmte ausgewählte Grundstoffe produziert, darunter Zitronen-, Milch- und Lävulinsäure, Sorbit, Glycerin, Cellulosederivate und Oleochemikalien (Oertel, 2007 S. 82).

Biomasse hat ein gänzlich anderes C-O-H-N-Verhältnis als Erdöl. So spielen sauerstoffhaltige Kohlenhydrate und insbesondere die Zucker – dazu gehören Glucose, Fructose, Xylose, Arabinose und Sucrose, sowie Stärke eine bedeutende Rolle, auch

[20] Verfahren der Erdölverarbeitung, Spalten von lang- zu kurzkettigen Kohlenwasserstoffen

deshalb, da Biomasse über ihre Gesamtheit gerechnet aus über 75 % dieser Kohlenhydrate besteht. Diese eignen sich für die (biotechnische oder chemische) Produktion von sogenannten Building Blocks (mehrfach funktionalisierte molekulare Bausteine), um diese anschließend über ein Stammbaumsystem in eine Vielzahl hochwertiger Chemikalien und Materialien weiterzuverarbeiten (Busch, et al., 2005 S. 130f). Ein Beispiel hierfür bietet die Produktlinie Cellulose, Lignocellulose oder stärkehaltige Biomasse, die zuerst in Zucker (Plattform), dann zu Milchsäure (Building Block) umgewandelt wird, um anschließend zu Polymilchsäure (Material) weiterverarbeitet zu werden (Oertel, 2007 S. 82)

Von den weltweit im Handel über 100.000 verfügbaren verschiedenen chemischen Substanzen fallen über 95% des Umsatzes auf nur ca 1.500 (UN Department of Economic and Social Affairs, 2004). Im Jahre 2004 beauftragte das US Department of Energy ein Team bestehend aus der National Renewable Energy Laboratory und der Pacific Northwest National Laboratory Chemikalien aus Biomasse (Kohlenhydrate, Lignin, Fette, Proteine) zu identifizieren, die ökonomisch und technisch am erfolgversprechendsten sind. In die Bewertung flossen Kriterien wie Effizienz, chemische Funktionalität, Stammbaumfähigkeit, Nutzungs- und Marktpotential ein. Aus der anfänglich umfassenden Liste von über 300 potentiellen Chemikalien, konnten am Ende die Top 12 solcher Building Blocks identifiziert werden, zu denen folgende Chemikalien zählen: 1,4-Disäuren (Bernsteinsäure, Fumarsäure, Apfelsäure), 2,5-Furandicarbonsäure, 3-Hydroxypropionsäure, Asparaginsäure, Zuckersäure, Glutaminsäure, Itaconsäure, Lävulinsäure, 3-Hydroxybutyorolacton, Glyzerin, Sorbit sowie Xylit/Arabit (PNNL NREL, 2004 S. 3-13).

Die in Erdöl enthaltenen Kohlenwasserstoffe müssen durch entsprechende Synthesen in beispielsweise Alkene, Alkohole, etc. umgewandelt werden. Neben der direkt möglichen Nutzung von beispielsweise Cellulose zur Herstellung von Celluloseether oder -fasern, müssen Synthesebausteine aus nachwachsenden Rohstoffen oft „entfunktionalisiert“ werden.

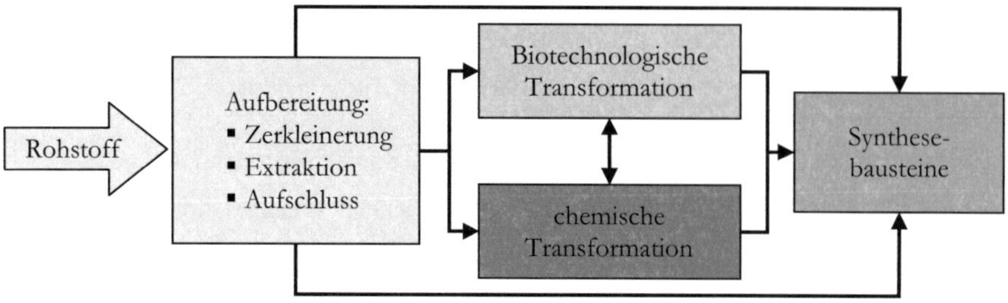

Abbildung 13: Aufbereitung und Konversion nachwachsender Rohstoffe

Quelle: (Bader, et al., 2009 S. 21)

Die gewünschten Synthesebausteine erhält man über biotechnologische Prozesse, wie der enzymatischen Spaltung von Polysacchariden in einzelne Zuckermoleküle oder durch chemische Prozesse, sogenannte Transformationen wie z.B. hydrolytischen Reaktionen, allerdings können beide Verfahren auch kombiniert angewendet werden. Glucose kann somit in die für die Chemie wichtigen C1 bis C6 Synthesebausteine zerlegt werden, ein Gerüst von einem bis zu sechs Kohlenstoffatomen (Bader, et al., 2009 S. 21f).

Die Umsetzung einer Biomasse basierten chemischen Industrie kann über zwei unterschiedliche Ansätze erfolgen. Im ersten Ansatz, dem ‚value chain approach', werden wertschöpfende Biomasseverbindungen zuerst identifiziert und die verschiedenen Weiterverarbeitungs- und Biokonversionsschritte isoliert betrachtet. Restbiomasse wird dann in ein universelles Substrat umgewandelt, aus dem Chemikalien synthetisiert werden können. Dieser Ansatz geht davon aus, dass es technisch wie auch ökonomisch von größerem Vorteil sei, teure Chemikalien aus Biomasse zu extrahieren, anstatt diese Verbindungen auf Basis universell einsatzbarer Building Blocks herzustellen. Die Herausforderungen der ökonomischen Umsetzbarkeit liegen hier in den technischen Verfahren zur Reinigung, Veredlung, Trennung und Umwandlung von Biomasse Der zweite Ansatz, der ‚integrated process chain approach', verfolgt die Nachbildung der petrochemischen Industrie. In diesem Modell wird, basierend auf den Chemikalien, die produziert werden, zuerst das Substrat in universell einsetzbare Building Blocks transformiert. Ökonomisch und technisch sei es von größerem Vorteil, Chemikalien in hochintegrierten Produktionsanlagen zu produzieren. Herausforderungen hier liegen in der Effizienzsteigerung der Umwandlungsprozesse von Biomasse, um die bereits etablierten Building Blocks für die Petrochemie bereitzustellen (Kamm, et al., 2008 S. 97f). Dabei konnten Industrielle Bioraffinerien, eine Analogie zu den heute existierenden Erdölraffinerien, als der erfolgversprechendste Weg hin zu der Gestaltung einer Biomasse-basierten Wirtschaft ermittelt werden (Realff, et al., 2008 S. 5-9).

2.2 Das Konzept der Bioraffinerie

Die amerikanische National Renewable Energy Laboratory (NREL) definiert Bioraffinerien wie folgt: „ A biorefinery is a facility that integrates biomass conversion processes and equipment to produce fuels, power, and chemicals from biomass. The biorefinery concept is analogous to today's petroleum refineries, which produce multiple fuels and products from petroleum. Industrial biorefineries have been identified as the most promising route to the creation of a new domestic biobased industry." Im Gegensatz zu den Erdölraffinerien nutzen Bioraffinerien die Unterschiede aller Biomassebestandteile und Zwischenprodukte um den Nutzen von Rohstoffen zu maximieren. So können Bioraffinerien beispielsweise ein oder mehrere hochwertige Chemikalien in kleinem Volumen produzieren, dazu noch einen geringer wertigen, dafür in großen Mengen hergestellten Biokraftstoff anbieten, und zudem noch Elektrizität sowie Prozesswärme für den Eigengebrauch erzeugen. Hochwertige Produkte steigern den Ertrag, die großen Mengen an Biokraftstoffen helfen dem steigenden Energiebedarf gerecht zu werden, während die Erzeugung von Energie in der Raffinerie selbst Kosten als auch Treibhausgasemissionen reduziert (NREL, 2009)

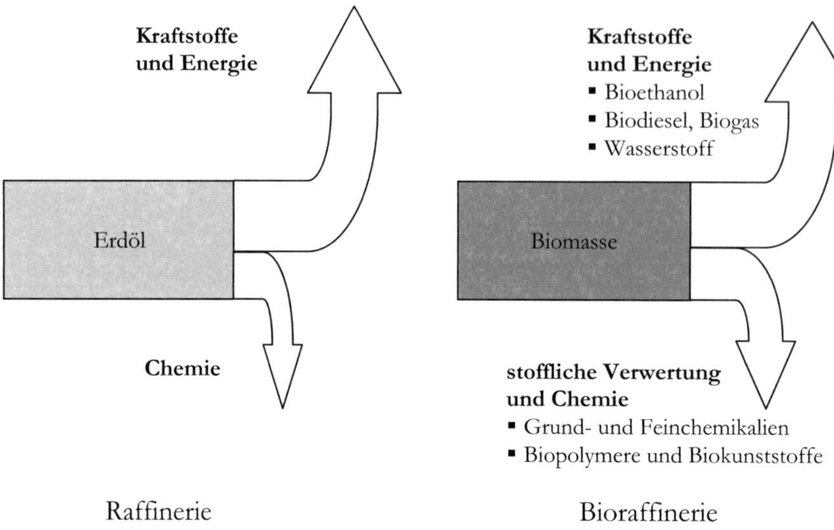

Abbildung 14: Vergleich der Basisprinzipien von Erdöl- und Bioraffinerien

Quelle (Kamm, et al., 2008 S. 17)

Die Zusammensetzung von Biomasse ist komplex, so dass der biotechnischen und chemischen Konversion in Bioraffinerien größte Bedeutung beizumessen ist. Auf diese Weise wird Biomasse so modifiziert, dass diese für den jeweiligen Zweck der anschließenden Weiterverarbeitung angepasst wird und dabei auch gleich bestimmte Zielprodukte hergestellt werden, sogenannte „precursors, Präkursoren". Da sich pflanzliche Biomasse immer aus den Grundprodukten Kohlenhydrate (75%, in Form von Cellulose, Stärke und Saccharose), Lignin (20%), Proteinen und Fetten (5%) sowie einer Vielzahl anderer Substanzen (Vitaminen, Farbstoffen, Aromen etc.) zusammensetzt, findet sich im Folgenden zunächst das Grobschema einer Bioraffinerie für die industrielle Herstellung von Zwischen- und Endprodukten präkursorenhaltiger Biomasse unter Bevorzugung der Kohlenhydratlinie (Kamm, et al., 2008 S. 17):

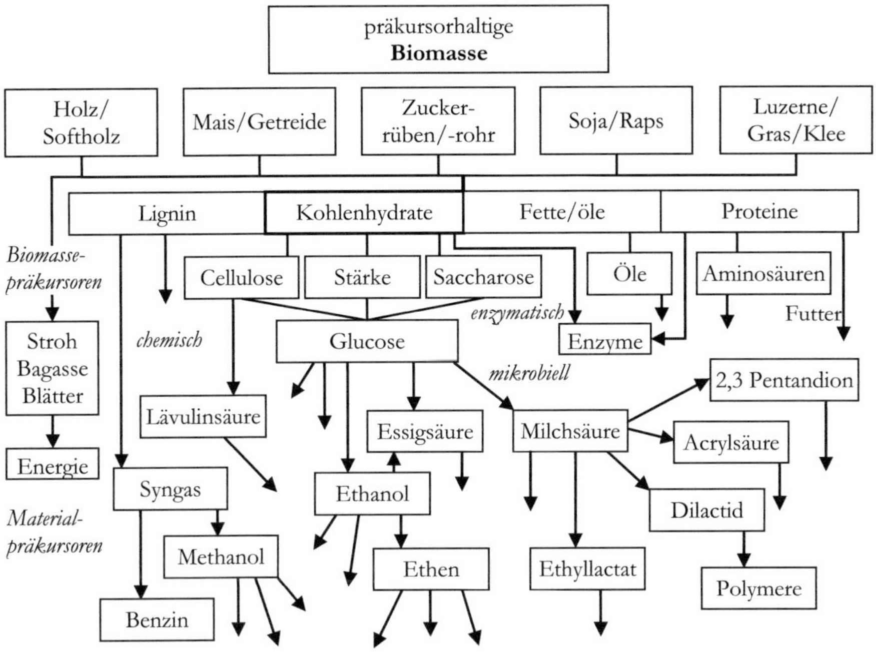

Abbildung 15: Grobschema einer Bioraffinerie für präkursorhaltige Biomasse unter Bevorzugung der Kohlenhydratlinie

Quelle: (Kamm, et al., 2008 S. 18)

Bioraffinerien können die unterschiedlichsten Formen und Größen haben, daher existieren eine Menge von Klassifikationsmöglichkeiten. Eine Klassifizierung kann neben weiteren auf nachfolgenden Kriterien aufbauen:

- Verarbeitung der Rohstoffe (Lignocellulose, etc.)
- technologische Verarbeitung (thermochemische Behandlung, mikrobieller Abbau, etc.)
- Stand der Technik (konventionell gegenüber modern, 1st and 2nd Generation)
- Haupt- und Zwischenprodukten (Synthesegas, Zucker oder Lignin Plattform)

Quelle: (United Nations Industrial Development Organization, 2009 S. 28)

Drei verschiedene Typen von Bioraffinerien können sich demnach in der untersuchten Literatur aufgrund ihrer Basisprinzipien ableiten (Fernando, et al., 2006), (Kamm, 2004), (Clark, et al., 2008), (Kamm, et al., 2008):

Phase I biorefinery

Phase I Bioraffinerien verwenden einen Ausgangsrohstoff, sind fähig einen bestimmten Weiterverarbeitungsprozess anzuwenden und ein einziges Hauptprodukt herzustellen. Diese Bioraffinerien werden beispielweise für die Biodieselproduktion bereits eingesetzt und haben sich als wirtschaftlich erwiesen. Da die Menge der produzierten Hauptprodukte fix ist, fehlt den Prozessen dieses Raffinerie-Typs allerdings oft die nötige Flexibilität und Anpassungsfähigkeit.

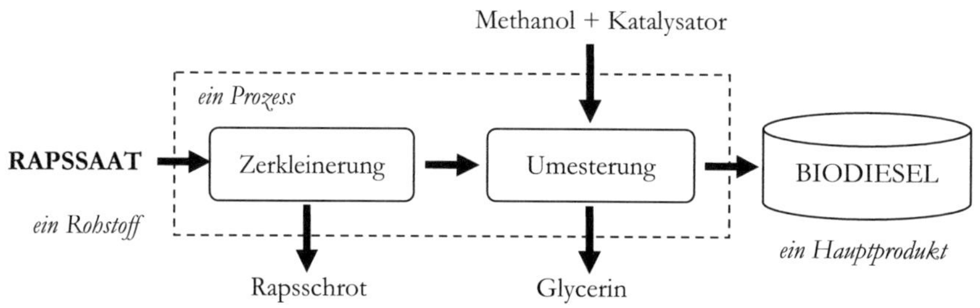

Abbildung 16: Der Biodieselprozess - Beispiel einer Phase I Bioraffinerie

Quelle: (Clark, et al., 2008 S. 7)

Phase II biorefinery

Ähnlich den Phase I Bioraffinerien, verwenden Phase II Bioraffinierien auch nur einen einzigen Rohstoff als Input. Allerdings können sie mehrere Hauptprodukte herstellen und reagieren somit auf die Nachfrage des Marktes, der Preise und der Betriebsgrenzen. Die Kostenstruktur der Phase II Raffinerien hat sich im Laufe der letzten Jahre nicht zuletzt auch aufgrund der Innovationen in Landwirtschaft und der Vorbehandlung, dem Mahlen von Getreide, als wettbewerbsfähig erwiesen.

Ein Beispiel für eine Raffinerie diesen Typs ist die der Firma Novamont in Italien, die Maisstärke für die Produktion einer ganzen Reihe von Chemikalien, biologisch abbaubaren Polymeren und stärkebasierter Thermoplate einsetzt. Ein weiteres Beispiel für diesen Typ von Bioraffinerie findet sich in Frankreich. Die Raffinerie des Unternehmens Roquette produziert eine Vielzahl von Kohlenhydratderivaten (>600), einschließlich nativer sowie modifizierter Stärke, Süßstoffe, Polyalkohole und Bioethanol aus Getreidekörnern.

Das von der Regierung geförderte BioHub™ Programm zielt darauf ab, eine Vielzahl getreidebasierter Plattformchemikalien zu entwickeln, um fossile Produkte zu ersetzen.

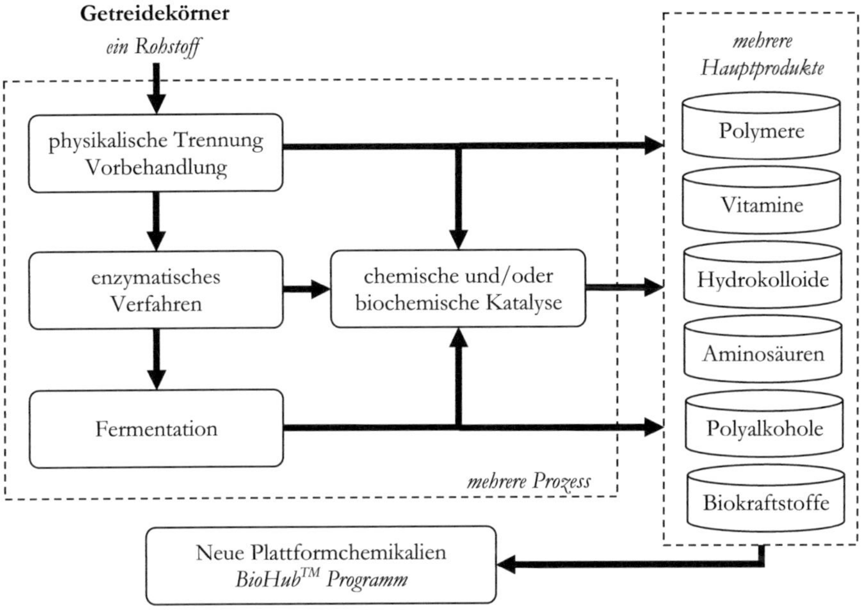

Abbildung 17: Beispiel der Roquette Phase II Bioraffinerie

Quelle: (Clark, et al., 2008 S. 8)

Generell besteht die Möglichkeit jede Phase I Bioraffinerie in eine Phase II zu konvertieren, wenn es gelingt Verfahren zur Nutzung anfallender Kuppelprodukte zu identifizieren und erfolgreich zu implementieren. In dem Beispiel der Biodieselanlage könnte somit z.B. anfallendes Rohglycerin in Energie und eine weitere Vielzahl von chemischen Produkten umgewandelt werden.

Phase III biorefinery

Phase III Bioraffinerien sind die im Konzept der Bioraffinerie am höchstentwickelten. Sie sind nicht nur in der Lage unterschiedliche Formen von Energie und Chemikalien wie die Phase II Raffinerien zu produzieren, sondern dafür auch verschiedene Typen von Rohstoffen und Verarbeitungstechnologien einzusetzen. Die Produktvielfalt garantiere einen hohen Grad an Flexibilität auf eine sich verändernde Nachfrage (aktuelle Nebenprodukte könnten in Zukunft zu Schlüsselprodukten werden) und biete den Bioraffinerien viele Optionen zur Steigerung des Ertrags wie auch der Profitabilität. Der Einsatz verschiedener Ausgangsstoffe eröffne zudem die Möglichkeit, die am gewinnbringendste Kombination von Rohstoffen zu verwenden. Obwohl zum jetzigen Zeitpunkt bislang keine Phase III Bioraffinerie existiert, wird in der EU derzeit nach (Biorefinery Euroview, 2007), (BIOPOL, 2009), (Sustoil, 2010) und den USA nach (NREL, 2009), (Walther, 2009 S. 150) intensiv am Design gearbeitet sowie an der wirtschaftlich und technischen Umsetzbarkeit geforscht. Nach einer technologischen Roadmap der Europäischen Kommission sei der Einsatz von Phase III Bioraffinerien allerdings nicht vor 2020 zu erwarten (European Commission, 2006 S. 27).

Gegenwärtig werden in Forschung und Entwicklung vier dieser Phase III Bioraffinerien forciert (Kapitel 2.2.2 - 2.2.5):

- die *Lignocellulose-Feedstock-Bioraffinerie*
- die *Ganzpflanzen-Bioraffinerie*
- die *Grüne Bioraffinerie*
- das *zwei-Plattform Konzept*

Die aufgeführten Raffinerien, oft auch als integrierte Bioaffinerien bezeichnet, enthalten im Wesentlichen folgende Elemente:

- Potential zur Aufnahme vieler verschiedener Rohstoffpfade und eine Toleranz gegenüber Schwankungen dieser Rohstoffe
- Rohstoffverarbeitung auf Basis von Enzymen zu gärfähigen Kohlenhydraten (Zuckern[21]) und Nebenproduktströmen
- Biokatalysatoren, die diese Kohlenhydrate zu einem oder mehreren Produkten umfunktionieren
- Nebenerzeugnisse, die in den Verfahren selbst genutzt, innerhalb der Prozesse recycelt oder verkauft werden

Quelle: (Kamm, 2008 S. 68)

---

[21] Biomasse besteht hauptsächlich aus dem Kohlenhydrat Zucker bzw. Zuckerpolymeren, darunter fallen Monosaccharide wie Glucose, Disaccharide wie Saccharose und auch Polysaccharide wie Stärke

2.2.1 Prozesse und Technologien in Bioraffinerien

Die Erzeugung von Energie, Kraftstoffen und Chemikalien unterschiedlichster Quellen in einer Bioraffinerie erfordert eine enge Verzahnung der Prozesse zur Umwandlung von Rohstoffen mit den dafür benötigten Anlagen.

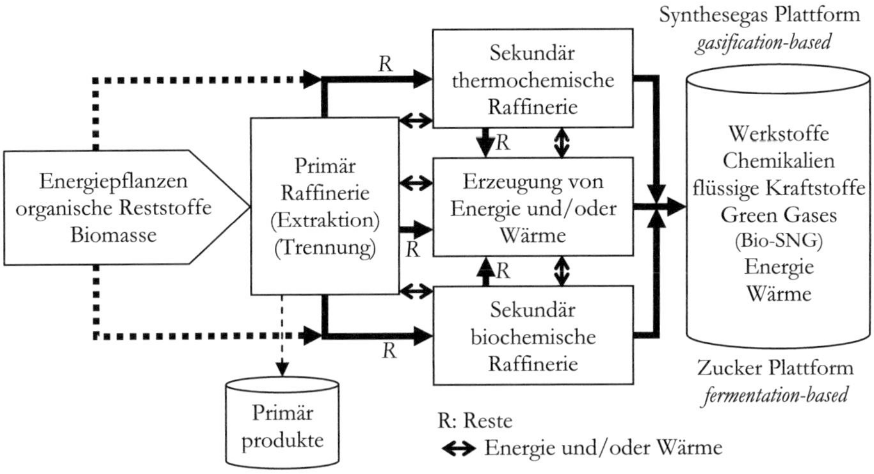

Abbildung 18: Verfahrensprozesse einer integrierten Bioraffinerie

Quelle: (Kamm, 2008 S. 99)

Der Bereich der in Biomasse enthaltenen Anzahl von Kohlenstoffatomen ist für die Umwandlung in Folgeprodukte von Bedeutung und variiert stark. Ein erheblicher Bestandteil von Biomasse sind die Zucker mit fünf bis sieben Kohlenstoffatomen. Diese „low-carbon-number sugars" (Realff, et al., 2008 S. 7) sind gute Metaboliten[22] und können meist direkt durch Fermentation genutzt werden. Glucose beispielsweise kann über mikrobielle und/oder chemische Verfahren aus Stärke, Zucker oder Cellulose gewonnen werden. Enzymatische Hydrolyseverfahren bei Stärke[23], eine Form der Biokatalyse[24], erweisen sich gegenüber der rein chemischen Hydrolyse schon heute als technisch und wirtschaftlich vorteilhaft (Kamm, et al., 2008 S. 17f).

Die Anzahl der Kohlenstoffatome polymerer Teile von Biomasse wie der Lignocellulose (Hemicellulose, Cellulose und Lignin) geht allerdings in die Hunderte. Gerade hier sind Verfahren zur entsprechenden Vorbehandlung (pretreatment) der relativ widerstandsfähigen Zellwände von großer Bedeutung. Diese Verfahren zur Vorbe-

[22] Zwischenprodukte bei einer Serie enzymatischer Umsetzungen, die jeweils spezifische Substrate und Produkte haben

[23] Zerlegung einer chemischen Verbindungen durch die Abspaltung von Wasserstoff über die Reaktion mit Wasser

[24] technisches Verfahren, in der Enzyme als biologische Katalysatoren zur Umsetzung und Beschleinigung chemischer Reaktionen verwendet werden

handlung sind allerdings meistens noch thermischer, thermomechanischer oder thermochemischer Natur und erfordern einen erheblichen Einsatz an Energie.

Die nachfolgenden Ausführungen basieren wesentlich auf (Kamm, 2008) und stellen eine Auswahl der physikalischen, chemischen und biologischen Verfahren zur Nutzung nachwachsender Rohstoffen in Bioraffinerien dar.

2.2.1.1 Vorbehandlung von Biomasse

Die Vorbehandlung von Biomasse ist ein Prozess, bei dem die Oberfläche der Einsatzstoffe zur enzymatischen Weiterverarbeitung geöffnet wird. Die Zellwände lignocellulosehaltiger Biomasse in ihrer natürlichen Form sind allerdings widerstandsfähig gegenüber einer Aufspaltung durch mikrobielle Hydrolyseenzyme. Die Vorbehandlung umfasst meist zuerst die physikalische Zertrennung durch mechanische Beanspruchung, Temperatur und/oder Druck und beginnt mit einer Zerkleinerung der Pflanze durch Mahlen, Zerstampfen und/oder Zerhacken. Nach diesen Verfahren kann die weitere Vorbehandlung mittels chemischen Extraktionsverfahren erfolgen um die Ausbeute der enzymatischen Hydrolyse von Cellulose zu maximieren. Dies bedeutet meistens, das Lignin zu verändern oder zu entfernen, da es nicht nur als Blocker für Enzyme aufgrund der Beschichtungswirkung auf Cellulosefibrillen[25] (Fuchs, 2006 S. 287f) wirkt, sondern auch einige der Cellulose-aktiven Enzyme absorbiert (Kamm, 2008 S. 362). Das Produkt am Ende der Vorbehandlung bietet als flüssige Lösung eine verbesserte Zugänglichkeit für Folgeprozesse und eine verminderte Interferenz von Lignin bei enzymatischen Verfahren. Im Folgenden findet sich eine Auswahl möglicher Verfahren zur Vorbehandlung von Biomasse:

„Dilute Acid Pretreatment“ (Vorbehandlung mit verdünnter Säure)

Bei diesem Prozess zur Vorbehandlung wird Biomasse für 1-10 Minuten mit der Lösung einer verdünnten starken Säure (z.B. 5 % Schwefelsäure) in einem Druckreaktor bei hohen Temperaturen (z.B. 160-200 °C) vermischt. Dahinter steht der Gedanke das Lignin zu verflüssigen, so dass es sich neu verteilt. Diese Methode ermöglicht unter optimalen Bedingungen eine Hydrolyse von bis zu 82,5 % der

[25] Cellulosefibrillen sind in eine Matrix von Hemicellulosen und Lignin eingebettet und bestimmen die Festigkeit von Cellulose. Sie bestehen aus vielen Mikrofibrillen die sich wiederrum aus Cellulosemakromolekülen zusammensetzen, die jeweils aus mehreren Tausend Glucosemolekülen bestehen

Hemicellulose in C5 Zucker wie beispielsweise Xylose und Arabinose (Lenihan, et al., 2010 S. 397).

„Ammonia Fiber Explosion“ (Auflösung der Fasern durch Ammoniak)

Bei dieser Vorbehandlung wird Biomasse mit der gleichen Menge Ammoniumhydroxid[26] unter Hochdruck (1,4 bis 3 bar) und Temperaturen von 60-110 °C für 5-15 Minuten vermischt. Nach einem schlagartigen Druckabfall werden mit einer relativ geringen Menge an Enzymen (15 FPU[27]) über Hydrolyse bis zu 96 % der enthaltenen Glucose ausgelöst. Das Ammoniak kann aufgrund seiner sich verflüchtigenden Eigenschaft fast gänzlich zurückgewonnen werden. Im Beispiel für Maisstroh sei für ausgewählte Bedingungen (Temperatur 90°C, 60 % Wassergehalt der Trockengewichtsbasis, 5 min Verweilzeit) sogar praktisch eine Umsetzung von 100 % der enthaltenen Glucose möglich, welche aber aufgrund der hohen benötigten Menge von Cellulase Enzymen (60 FPU) ökonomisch nicht sinnvoll sei (Farzaneh, et al., 2005 S. 3-5).

„Hot Wash Pretreatment“

In dieser Methode wird heißes Wasser über eine beheizte stationäre Fläche aus Biomasse geleitet. Bei der „Flowthrough“ Variante kann 95 % der Glucose durch nachgeschaltete Hydrolyse gewonnen werden, allerdings seien die erhöhten Energiekosten durch den notwendigen Wassereinsatz ökonomisch fragwürdig. Durch die Kombination unterschiedlicher Teilströme mit verschiedener Durchflussgeschwindigkeit, -zeit und -temperatur, der sogenannten „Partial Flow Pretreatment“ Variante, könne Energie eingespart (40 % im Vergleich zur „Flowthrough“ Methode), und zudem auch eine nur leicht geringere Umsetzung von 90-92 % der Glucose erreicht werden (Liu, et al., 2005 S. 1981-1984).

Neben den drei exemplarisch ausgewählten und relativ gut untersuchten Verfahren zur Vorbehandlung von Biomasse existiert noch eine Vielzahl weiterer in Forschung und Entwicklung. Zusammenfassend lässt sich aus den Untersuchungen schließen, dass die Entscheidung von vielen Faktoren abhängig ist, das Kriterium der Wirtschaftlichkeit allerdings schon heute die zukünftige Entwicklung nachhaltig prägen

---

[26] basische Lösung von Ammoniak mit Wasser

[27] Filter per Units, Angabe der Konzentration von Enzymen zur Auslösung von Glucose http://media.iupac.org/publications/pac/1987/pdf/5902x0257.pdf, S.7

wird. Die Vorteile der „Ammonia Fiber Explosion“ durch die Rückgewinnung von Ammoniak sind daher signifikant und weisen gerade für die industrielle Nutzung auch wirtschaftliche Vorteile auf.

Zudem kämen der Optimierung von Enzymen und der Entwicklung spezifischer Mischungen von Enzymen, die auf die jeweilige Anforderung der Aufbereitung (hinsichtlich Temperatur, Zeit, etc.) und der gewünschten Konzentration von Zuckern zugeschnitten sind, eine noch größere Bedeutung hinsichtlich der verfahrenstechnischen Wirtschaftlichkeit zu (Hendriks, et al., 2009 S. 15f).

Die im März diesen Jahres veröffentlichte Roadmap der Deutschen Gesellschaft für Katalyse macht zudem darauf aufmerksam, dass „die Wahl des Lösungsmittels [...] von wesentlicher Bedeutung für die chemische Reaktion und ihre technische Umsetzung in einem katalytischen Prozess“ ist und neuartige Lösungsmittelkonzepte daher von besonderem Interesse seien. Im Gegensatz zu etablierten organischen Lösungsmitteln, können einige ionische Flüssigkeiten beispielsweise Cellulose vollständig und mit relativ hoher Kapazität auflösen, woraus wiederum neue Optionen für die katalytische Umwandlung resultieren. (Dechema, 2010). 2009 konnte gezeigt werden, dass nach einer thermochemischen Behandlung von Cellulose auch bei niedrigen Temperaturen eine Umsetzung von 80 % der Cellulose zu Glucose möglich ist. Bei der im Versuch eingesetzten Fed-Batch Hydrolyse, bei welcher nach 24 Stunden erneut Enzyme zugegeben wurden, wurde kommerziell erhältliche Cellulase[28] zur besseren Zugänglichkeit der Cellulose um eine Hemicellulase[29] ergänzt. Es bleibe bei der hohen Konzentration von Enzymen allerdings noch zu prüfen, inwieweit diese die Wirtschaftlichkeit eines solchen Prozesses beeinträchtigen (Poth, et al., 2010).

---

[28] Sammelbezeichnung für Enzyme, die Hemicellulosen, Bestandteile pflanzlicher Zellwände, aufspalten

[29] Hemicellulasen werden durch Fermentation mit verschiedenen Pilz- und Bakterienarten gewonnen

2.2.1.2 thermochemische Prozesse

Für die thermochemische Konversion von Biomasse in Energie und chemischen Produkte lassen sich zwei wichtige Optionen nennen (Cherubini, 2010):

Gasification

Das Vergasen von Biomasse ist ein Verfahren bei dem unter hohen Temperaturen (750-850 °C) kohlehaltige Festbrennstoffe zu entflammbaren Gasgemischen konvertiert werden. Diese auch als Synthesegase bekannten Gemische, hauptsächlich bestehend aus CO, H_2, CO_2, Methan (CH_4), Stickstoff[30] (N_2), können für die Erzeugung von Wärme und Energie wie auch als Plattformchemikalie für die Produktion flüssiger Kraftstoffe und Chemikalien genutzt werden. Aufgrund der mit Synthesegas verbundenen flexiblen Einsatzmöglichkeiten, ist diese Methode daher als Basis für Prozesse in zukünftigen Bioraffinerien von großer Bedeutung.

Die Erzeugung von Synthesegas besteht aus unterschiedlichen Prozessen und beginnt mit der Erwärmung sowie dem Trocknen der Biomasse. Bei der anschließenden thermo-chemischen Spaltung der organischen Verbindungen mittels hoher Temperaturen, entstehen unter Ausschluss von Sauerstoff Gase, kondensierbare Dämpfe und Holzkohle. Die Reaktionen in der Gasphase bestimmen die chemische Zusammensetzung des Synthesegases. Durch die Pyrolyse, die bei 300-400 °C beginnt, können bis zu 80 % der auf die Trockensubstanz bezogenen festen Biomasse in Gase und Dämpfe umgewandelt werden. Um die Produktion an Synthesegas zu maximieren wird der Reaktion Wasserdampf, gegebenenfalls auch CO_2, hinzugefügt. CO, H_2 und CH_4 werden mittels der folgenden Festphase-Gas Reaktionen produziert (Kamm, 2004 S. 230-232).

Kohlen-Sauerstoff Reaktion:

$$C + \frac{1}{2} O_2 \leftrightarrow CO \qquad \Delta H_R = -110{,}5 \ \frac{MJ}{kmol}$$

Boudouard-Reaktion[31]:

$$C + CO_2 \leftrightarrow CO \qquad \Delta H_R = 172{,}4 \ \frac{MJ}{kmol}$$

---

[30] falls Luft und nicht Kohlenstoffdioxid als Sauerstoffquelle benutzt wird

[31] das nach Boudouard benannte Gleichgewicht zwischen Kohlenstoffdioxid und Kohlenstoffmonoxid, abhängig von Temperatur und Druck

Kohlen-Wasserstoff Reaktion:

$$C + H_2O \leftrightarrow H_2 + CO \qquad \Delta H_R = 131{,}3\ \frac{MJ}{kmol}$$

Hydrierungsreaktion:

$$C + 2H_2 \leftrightarrow CH_4 \qquad \Delta H_R = -74{,}8\ \frac{MJ}{kmol}$$

Zwei weitere Gasphase-Reaktionen beeinflussen den Gesamtprozess der Herstellung von Synthesegas wesentlich:

Wasser-Gas Konvertierung:

$$CO + H_2O \leftrightarrow H_2 + CO_2 \qquad \Delta H_R = -41{,}1\ \frac{MJ}{kmol}$$

Methanisierung:

$$CO + 3H_2 \leftrightarrow CH_4 + H_2O \qquad \Delta H_R = -206{,}1\ \frac{MJ}{kmol}$$

Die Zusammensetzung des Gases am Ende ist im Wesentlichen von der zugeführten Menge an Sauerstoff und Wasserdampf sowie Zeit und Temperatur abhängig. Insgesamt betrachtet verläuft der Prozess endotherm und benötigt daher entweder eine gleichzeitige Verbrennung von Teilen der Biomasse oder eine externe Hitzequelle um das Verfahren zu durchlaufen (Cherubini, 2010).

Hier könnte das in Kanada neu entwickelte Konzept des „Allothermal cyclic multi-fluidized bed steam biomass gasifier" ansetzen. Dieses Konzept sieht vor, das Verhältnis des Hitzeaustauschs zwischen Oberfläche und Volumen zu maximieren, indem das Volumen des Reaktors in angrenzende Bereiche von Wirbelschichten[32] und unter Einsatz wechselnder Verbrennungs- und Vergasungskammern aufgeteilt wird. Rinnenförmige Vertiefungen der Kammerwände fördern die „wall-bed" Wechselwirkung, so dass diese Aufteilung die Leistungsdichte von Hitze pro Volumen im Vergaser deutlich erhöht, und damit folglich eine verbessere Kopplung der exo- und endothermen Reaktionen erreicht. Anstelle die bei dem Vergasen produzierte Holzkohle und restlichen Produkte zirkulieren zu lassen, sieht das Konzept zudem in jeder Kammer abwechselnde Verbrennungs- und Vergasungszyklen vor, indem im

[32] Bereich der thermisch/mechanischen Verfahrenstechnik, bei der Feststoffe mit Hilfe von Fluiden in eine aufwärtsgerichtete Strömung versetzt werden

Wechsel Luft und Wasserdampf eingespeist werden. Dadurch werden technische Fragen nach der Förderung von Feststoffen und thermische Verluste in Anschlussleitungen vermieden. Durch die schnellere Rückführung von Feststoffen werden zudem noch lange Verweilzeiten im Vergaser vermieden.

Während in der ersten Phase die eine Hälfte der Kammern als Vergaser betrieben wird, liefert die andere Hälfte durch Verbrennung die für die endothermen Prozesse nötige Energie. Auf diese Weise wird die kontinuierliche Produktion von unverdünntem Bio-Synthesegas garantiert, sowie gleichzeitig die Beseitigung nichtvergaster Reste oder nichtverbrannter Kohle gesichert. In der nachfolgenden Abbildung findet sich das Modell des Konzepts. Im Interesse der Übersichtlichkeit sind nur 4 Kammern (als rechteckige Querschnitte) dargestellt (Iliuta, et al., 2010).

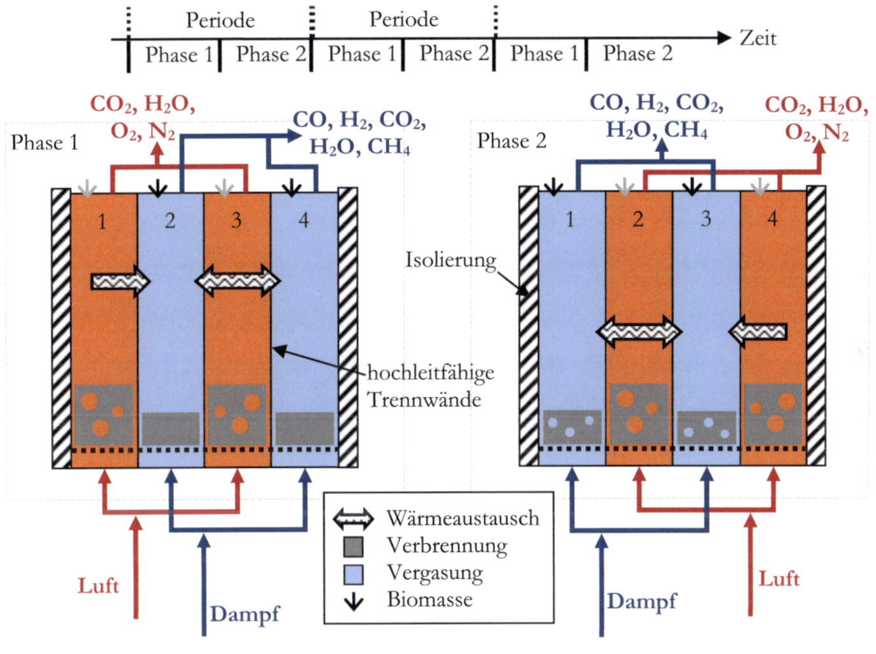

Abbildung 19: **zwei Zyklen im Wechselbetrieb des mehrfach abgetrennten hybriden Dampfvergasers**

Quelle: (Iliuta, et al., 2010)

Über die Kohleverbrennung kann somit ausreichend Energie bei einem maximalen Wärmeverlust von 20 %, für den Prozess gewonnen werden. Der Herstellung von Synthesegas schließt sich dann die Fermentierung mit anaeroben Mikroorganismen an, die dieses als Zwischenbaustein in eine Vielzahl von Chemikalien oder in flüssige Kraftstoffe umwandeln können (Kamm, et al., 2008 S. 123/230-232).

Pyrolyse

Der zweite thermo-chemische Weg ist die Pyrolyse, bei der Biomasse mittels Temperaturen von 300-600 °C unter Ausschluss von Sauerstoff in flüssiges Bio- oder Rohöl, Holzkohle, nicht-kondensierbare Gase, Essigsäure, Aceton und Methanol umgewandelt wird (Demirbas, 2000 S. 14). Der Prozess lässt sich aufgrund Thermogravimetrischer Analyse[33] (TGA) in 3 Stufen gliedern. Er beginnt mit der „pre-pyrolysis", zwischen 120 und 200 °C, bei der die Masse durch Auftreten reversibler Bindungsbrüche, freier Radikale sowie der Bildung von Carbonylgruppen[34] und der damit verbundenen Freisetzung kleiner Mengen Wasser, Kohlenmonoxid und Kohlenstoffdioxid leicht abnimmt. Die zweite Stufe bildet den eigentlichen Pyrolyseprozess, bei dem die Feststoffzersetzung begleitet von einem massiven Masseverlust der ursprünglich eingesetzten Rohstoffe stattfindet. Die letzte und dritte Stufe umfasst das kontinuierliche Vergasen der restlichen Holzkohle durch weitergehende Spaltung der Kohlenwasserstoff- und Kohlensauerstoff Verbindungen.

Pyrolyse kann außerdem abhängig von Reaktionstemperatur und Verweilzeit (in der Heißdampfphase) in „fast pyrolysis", „intermediate pyrolysis" und „slow pyrolysis" eingeteilt werden. Typisch für die schnelle Pyrolyse ist eine extrem kurze Verweilzeit bei einer Reaktionstemperatur von ca. 500 °C. Kurze Verweilzeit bei hoher Temperatur, also hohe Aufheizgeschwindigkeit (Hunderte °C/min), erzeugt eine insgesamt höhere Ausbeute an flüssigen Produkten wie beispielweise Bio-Öle. Im Gegensatz dazu produziert die langsame Pyrolyse bei vergleichsweise niedriger Temperatur und langer Verweilzeit gleiche Mengen an Flüssigkeit, Feststoffen (Kohle) und Gasen. Aus diesen Faktoren lässt sich schließen, dass für die Maximierung der Ausbeute an Kohle niedrige Temperaturen und niedrige Aufheizgeschwindigkeiten benötigt werden, wohingegen für flüssige Produkte eine Kombination aus kurzer Verweildauer, moderater (erhöhter) Temperatur und hoher Aufheizgeschwindigkeit nötig ist (Zhang, et al., 2010 S. 5-7).

---

[33] analytische Methode, bei der die Masseänderung in Abhängigkeit von Temperatur und Zeit gemessen werden kann, um daraus Rückschlüsse auf die Zusammensetzung des Stoffes ziehen zu können

[34] chemische Gruppen, die aus einem Kohlenstoff- und einem doppelt gebundenen Sauerstoffatom bestehen

Mode	Bedingungen	flüssig	fest	gas
Fast	moderate Temperatur (~500 °C), kurze Verweilzeit (Dampf) ~1s	75%	12%	13%
Slow	moderate Temperatur (~500 °C), moderate Verweilzeit (Dampf) ~10-20s	50%	20%	30%
Intermediate	niedrige Temperatur (~400°C), sehr lange Verweilzeit (Feststoff) ~1s	30%	35%	35%
Gasification	hohe Temperatur (~800 °C), lange Verweilzeit (Feststoff und Dampf)(~1s)	5%	10%	85%

Tabelle 3: typische Produktausbeute (auf der Basis von trockenem Holz) der Pyrolyse im Vergleich zum Vergasen

Quelle: (Zhang, et al., 2010)

2.2.1.3 biochemische Prozesse

Im Gegensatz zu thermochemischen Prozessen laufen biochemische Prozesse bei niedrigeren Temperaturen und Reaktionsgeschwindigkeiten ab. Die am häufigsten angewendeten Prozesse sind Fermentationen und die dazugehörige spezielle Form der anaeroben Gärung. (Cherubini, 2010) (McKendry, 2002)

Fermentation

Bei der Fermentation werden Mikroorganismen und/oder Enzyme eingesetzt, um ein fermentierbares Substrat in ein wiederverwertbares Produkt, üblicherweise zu Alkoholen und organischen Säuren, umzuwandeln. Ethanol ist derzeit das meistgenutzte fermentierte Produkt, allerdings ist auch die Produktion vieler anderer chemischer Verbindungen (Wasserstoff, Methanol, Bernsteinsäure, etc.) heutzutage Ziel einer großen Anzahl von Forschungs- und Entwicklungsvorhaben (Cherubini, 2010 S. 1415).

Fermentationen sind im Gegensatz zur chemischen Konversion einstufige Synthesen, welche die Investitionskosten für Anlagen senken können. In Zukunft sei daher denkbar, dass der mikrobiellen Synthese eine noch größere Bedeutung zukomme (Kamm, et al., 2008 S. 104). Glucose stellt die Mehrheit der Fermentationssubstrate, wohingegen die Herstellung von Pentosen (Zucker aus Hemicellulose), Glycerin und anderer Kohlenwasserstoffe noch der Entwicklung marktreifer Organismen bedarf (Cherubini, 2010 S. 1416).

Fermentation kann auf verschiedenen Wegen durchgeführt werden. Bei der „submerged fermentation" (SmF, Tauchfermentierung) wird Wasser als Medium für Mikroorganismen und Enzyme verwendet. Laut Experten wird sich aber die zweite Variante durchsetzen, die „solid-state" Fermentation (SSF), also die Gärung im festen Medium mit keinem oder nur geringem Wasseranteil (Durand, 2003). Entscheidend dafür sei nicht nur die Tatsache, dass filamentöse Pilze, die derzeit über 40 % der industriellen Enzymproduktion stellen, in festen Medien wesentlich besser wirken können. Auch die verringerten Energiekosten und Produktionskosten von Enzymen, kleinere Reaktorvolumen durch geringeren Bedarf an Wasser bei gleicher Produktivität, fallen deutlich zugunsten der SSF aus. Um diesen Prozess zukünftig in biochemischen Herstellverfahren erfolgreich anzuwenden, bedarf es noch einer Lösung der Beschränkung von Stoff und Wärmeübertragung bei der Fermentation im festen Medium, sowie dem „Scale-Up[35]" auf großtechnische Produktionsanlagen.

Eine Lösung für das Problem der Stoff- und Wärmeübertragung in SSF könnte das Konzept eines „spouted-bed bioreactor" sein (American Institute of Chemical Engineers, 2006). Mittels einer Gas/Feststoff Strahlschicht, eine Variante der bereits im Gasification Prozess erwähnten Wirbelschichten, wird ein Luftstrom unter Hochgeschwindigkeit in einen Kolbenreaktor mit groben Partikeln eingespeist. Der Gasstrom trägt in der Mitte des Bettes einen Strom von Partikeln mit, die sich dann wiederrum im Bett niederlassen. Das Aufsteigen der Partikel in der Mitte wird begleitet von fallenden Partikeln in den ringförmigen Bereichen, Ballungen von Partikeln werden durch den Aufprall bei Hochgeschwindigkeit aufgebrochen. Die Wärme und die Masseübertragungsraten in diesem exemplarisch ausgewählten Reaktortyp sind hoch, allerdings ist in diesem Gebiet noch Forschungs- und Entwicklungsarbeit zum „Scale-Up" zu leisten (Yang, 2007 S. 472-484).

[35] Maßstabsübertragung/-vergrößerung der Herstellverfahren für die biochemische Verfahrensentwicklung

anaerobe Gärung

Diese spezielle Form der Fermentation erfolgt unter Ausschluss von Sauerstoff über Bakterien und Pilze. Die meisten anaeroben Fermentationen benötigen nur wenig Energie um die Zellen in Bewegung zu halten, weisen eine hohe Produktausbeute an Kohlenstoff aus und können vielseitig verschiedene Biomassepfade nutzen, einschließlich landwirtschaftlicher Abfälle (Yang, 2007 S. 211). Das Hauptprodukt ist ein Gasgemisch aus hauptsächlich Methan, Kohlenstoffdioxid und geringerem Anteil anderer Gase wie z.B. Schwefelwasserstoffen. Anaerobe Fermentation wird heutzutage industriell vor allem bei organischen Abfällen mit hohem Feuchtigkeitsgehalt (>80%) eingesetzt (McKendry, 2002).

Der Prozess der anaeroben Gärung umfasst einschließlich der Hydrolyse (siehe chemische Prozesse), bei der Kohlenhydrate, Lipide und Proteine zu Zuckern, Fett- und Aminosäuren abgebaut werden, weitere Schritte.

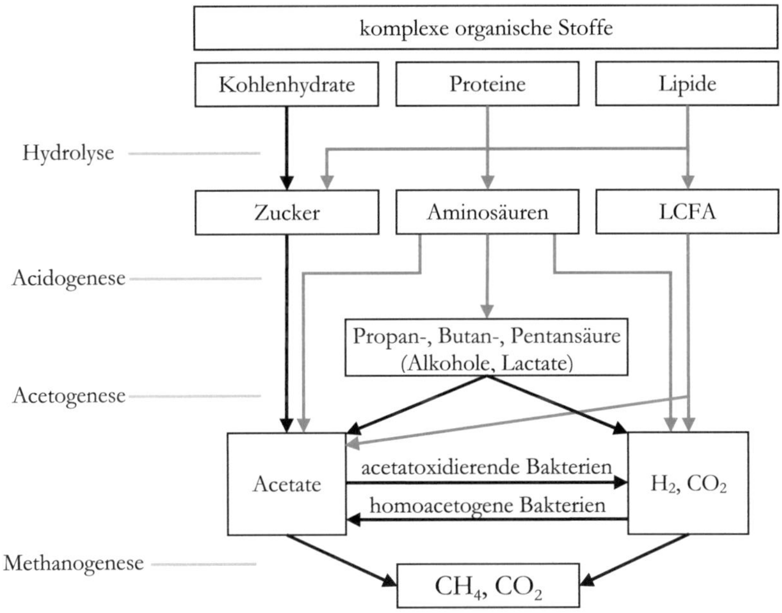

Abbildung 20: Prozess der anaeroben Gärung

Quelle: (Schön, 2010 S. 9)

Bei der Hydrolyse werden fakultative Anaerobier, also Mikroorganismen, die zwar unter anaeroben Bedingungen einen Stoffwechsel durchführen können, allerdings zu keinen langandauerndem Wachstum fähig sind, verwendet. Die entstehenden Zucker, Aminosäuren und Lipide werden bei der Acidogenese zu Säuren umgebaut.

Bei der Acetongenese werden diese hauptsächlich zu Acetat, dem Salz der Essigsäure, Wasserstoff und Kohlenstoffdioxid umgebaut. In der anschließenden Methanogenese setzen Archaeen, einzellige Organismen, Acetat zu Methan und Kohlenstoffdioxid, sowieso Wasserstoff und Kohlenstoffdioxid zu Methan um (Schön, 2010 S. 9-14).

2.2.1.4 chemische Prozesse

Chemische Prozesse ändern die chemische Struktur eines Stoffes durch die Reaktion mit anderen Substanzen. Die wichtigsten chemischen Prozesse zur Konversion von Biomasse sind die Hydrolyse und Umesterung, allerdings schließt diese Gruppe eine große Klasse chemischer Reaktionen zur Änderung der molekularen Struktur mit ein (Cherubini, 2010 S. 1416f).

Hydrolyse

Der Prozess der Hydrolyse steht meist vor der Weiterverarbeitung durch biochemische Prozesse. Durch wässrige Reaktion mit Säuren, Laugen oder Enzyme, werden Polysaccharide und Proteine in ihre Bestandteile Zucker (z.B. Glucose aus Cellulose) oder andere chemischer Derivate (z.B. Lävulinsäure aus Glucose) umgewandelt.

Die säurebasierte Hydrolyse kann durch eine Vielzahl verschiedener Säuren, einschließlich Schwefel-, Salz-, Fluss- und Salpetersäure katalysiert werden, wobei Verfahren mit Schwefelsäure aufgrund der günstigen Preislage am besten untersucht sind. Dabei wird die Biomasse zuerst in eine Lösung mit Schwefelsäure getränkt und anschließend mit Dampf bei Temperaturen von 140-260 °C behandelt. (Kamm, et al., 2008 S. 105/129f). Bei dieser Form der Hydrolyse ist die Rückgewinnung der toxisch und korrosiven Säuren, sowie die Neutralisation des pH Wertes für nachgelagerte Prozesse wie der Fermentation oder enzymatischen Hydrolyse nötig (Sun, et al., 2002 S. 5)

Die enzymatische Hydrolyse wird mittels verschiedener hochspezifischer Enzyme durchgeführt. Die Kosten sind gewöhnlich niedriger als bei der auf Säure basierenden Hydrolyse, da die hier milder sind (Bedingungen: pH Wert 4,8 und Temperatur 45-50 °C) und auch nicht das Problem der Korrosion besteht. Mikroorganismen wie Bakterien und Pilze können die für die Hydrolyse von Lignocellulose notwendigen Cellulasen, eine Mischung verschiedener Enzyme, herstellen (Sun, et al., 2002 S. 6).

Vorbehandelte Biomasse wird in Tanks mit Hilfe von basischen Lösungen (im Fall einer Säure-Vorbehandlung) auf einen pH Wert von 5 angepasst und auf einer Temperatur 50 °C gehalten. Anschließend wird flüssige Cellulase (100 Liter pro Tonne Cellulose) hinzugefügt. Die Inhalte der Tanks werden kontinuierlich aufgemischt, um Biomasse und Cellulase untereinander zu verteilen. Nach fünf bis sieben Tagen werden somit 90-98 % der Cellulose zu Glucose konvertiert (Kamm, et al., 2008 S. 202f).

Trichoderma Cellulase, einer der am häufigsten genutzten Pilze für die enzymatische Hydrolyse, ist ein Protein mit einer Mischung dreier verschiedener Enzymtypen: Cellobiohydrolase (CBH), Endoglucanase (EG)und Beta-Glucosidase (BG). Die enzymatische Hydrolyse lässt sich anhand zweier aufeinanderfolgenden Reaktionen darstellen.

(1) $(C_5H_{10}O_5)_n + H_2O \rightarrow (C_5H_{10}O_5)_{n-2} + C_{12}H_{22}O_{11}$

(2) $C_{12}H_{22}O_{11} + H_2O \rightarrow 2C_6H_{12}O_6$

Der erste Schritt (1) der enzymatischen Hydrolyse stellt die katalystische Umwandlung von Cellulose in Cellobiose[36] durch zusammenwirkende CBH und EG Enzyme dar. Die Reaktion zu Glucose (2) wird durch das lösliche BG Enzym katalysiert, welches einen Anteil von 1% der Cellulase stellt. Die vollständige Hydrolyse der Cellobiose ist von großer verfahrenstechnischer Bedeutung, da sich nur Glucose direkt zu Ethanol weiter fermentieren lässt, Cellobiose nicht. Zudem ist dieses Disaccharid ein effektiver Hemmstoff für die CBH und EG Enzyme, so dass selbst eine geringe Konzentration den Prozess der Hydrolyse stark verlangsamen könnte.

Ein inhärentes Problem der enzymatischen Hydrolyse und Fokus vieler Forschungen stellt die Hemmung des BG durch dessen Produkt Glucose dar. Dies führt zu einer Ansammlung von Cellobiose und einer wiederum daraus resultierenden Hemmung von CBH und EG, also auch der Hydrolyse von Cellulose. Genetisch veränderte Mikroben (White, et al., 2000) mit einer hohen Produktion von Beta-Glucosidase haben sich dabei als der meistversprechende Weg zu einer effektiven Hydrolyse herausgestellt (Kamm, et al., 2008 S. 203-205).

[36] Disaccharid aus zwei Glucosemolekülen, das beim Abbau von Cellulose durch Cellulase Enzyme als Zwischenprodukt entsteht

Umesterung

Die Umesterung ist die am häufigsten angewendete Methode zur Herstellung von Biodiesel. Dieser chemische Prozess, bei dem pflanzliche Öle zu Fettsäuremethylestern konvertiert werden, schließt auch die Produktion von Glycerin ein, einer chemischen Verbindung mit vielen weiteren Nutzungsmöglichkeiten (Cherubini, 2010 S. 1416).

Bei der Umesterung werden die Moleküle der pflanzlichen Öle mittels eines Katalysators wie z.B. Natronlauge gespalten, und die Ester der getrennten Verbindung mit einer alkoholischen Verbindung (Methanol oder Ethanol) kombiniert. Ein häufig angewandter Prozess für die Produktion von Biodiesel ist die Umesterung von Triglyceriden[37] durch Methanol. Der Einsatz von Natronlauge ist aufgrund niedriger Kosten und hoher Produktausbeute weit verbreitet. Chemisch gesehen wird bei der Umesterung die freie Fettsäure des Triglycerids neutralisiert, das Glycerin entfernt und somit ein alkoholisches Ester geschaffen. Dies erreicht man durch die Mischung von Methanol und Natronlauge zu Natriummethoxid, welches dem pflanzlichen Öl hinzugefügt wird. Am Boden des Reaktors setzt sich Glycerin ab, der Methylester bleibt obenauf (Demirbas, 2002) Als erfolgversprechend hat sich hier zum Beispiel die „Catalytic supercirtical methanol transesterfication" erwiesen, die in einem zylindrischen Edelstahlreaktor bei Temperaturen von ca. 250 °C abläuft. Die Produktausbeute an Methylester liegt schon nach einer Minute bei 60-90 % (Demirbas, 2008).

2.2.2 System der LCF-Bioraffinerie

Das Konzept der Lignocellulose-Feedstock-Bioraffinerie hat laut Experten das größte Umsetzungs- und Marktpotential unter den großtechnisch ausgelegten Bioraffinerien. (Wagemann, 2010) (Kamm, et al., 2007) (van Ree, et al., 2007)Einerseits sei hier eine gute Rohstofflage absehbar (Stroh, Schilf, Gras, Holz, Papierabfälle etc.) und zum anderen hätten die Produkte eine gute Position im bestehenden fossilen als auch zukünftigen biobasierten Produktmarkt. Lignocellulose besteht hauptsächlich aus Hemicellulose, Cellulose sowie Lignin (Kamm, 2001 S. 7f). Pilotanlagen existieren bislang noch nicht.

---

[37] Triglyceride sind der Hauptbestandteil natürlicher Fette, dreifache Ester, eine chemische Verbindung aus Glycerin und Fettsäuren

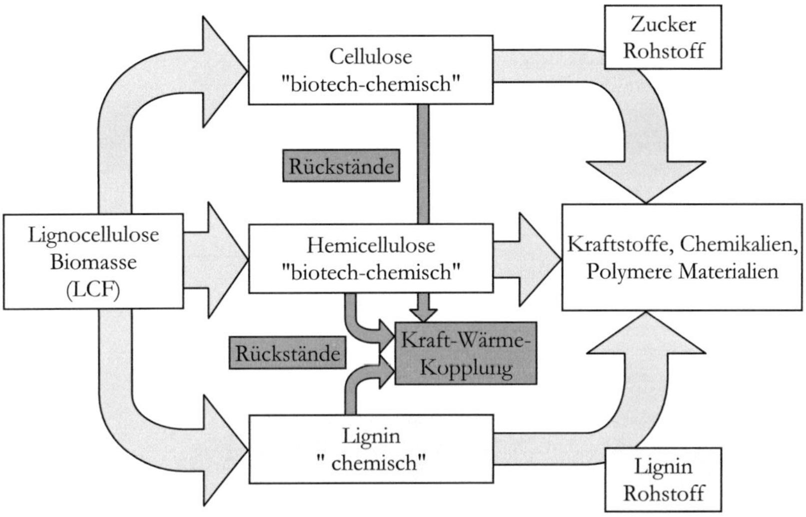

Abbildung 21: Lignocellulose-Feedstock-Bioraffinerie

Quelle: (Kamm, et al., 2008 S. 25)

Die folgenden chemischen Reaktionen enzymatischer und/oder säurebasierter Hydrolyse geben eine allgemeine Übersicht der Konversion von Präkursoren einer LCF-Bioraffinerie.

$$Lignocellulose + H_2O \rightarrow Lignin + Cellulose + Hemicellulose$$

$$Hemicellulose + H_2O \rightarrow Xylose\ (C_5H_{10}O_5)$$

$$Xylose + saurer\ Katalysator \rightarrow Furfural\ (C_5H_4O_2) + 3H_2O$$

$$Cellulose\ (C_6H_{10}O_5) + H_2O \rightarrow Glucose\ (C_6H_{12}O_6)$$

Aus dem Lignin können Klebstoffe, Bindemittel Brennstoffe oder chemische Produkte hergestellt werden. Aus Hemicellulose können Verdickungsmittel, und Folgeprodukte der Xylose wie z.B. Furfural und Nylon produziert werden. Durch Fermentation von Glucose aus Cellulose können Produkte wie Ethanol, Lävulin- oder Milchsäure gewonnen werden (Oertel, 2007 S. 88f).

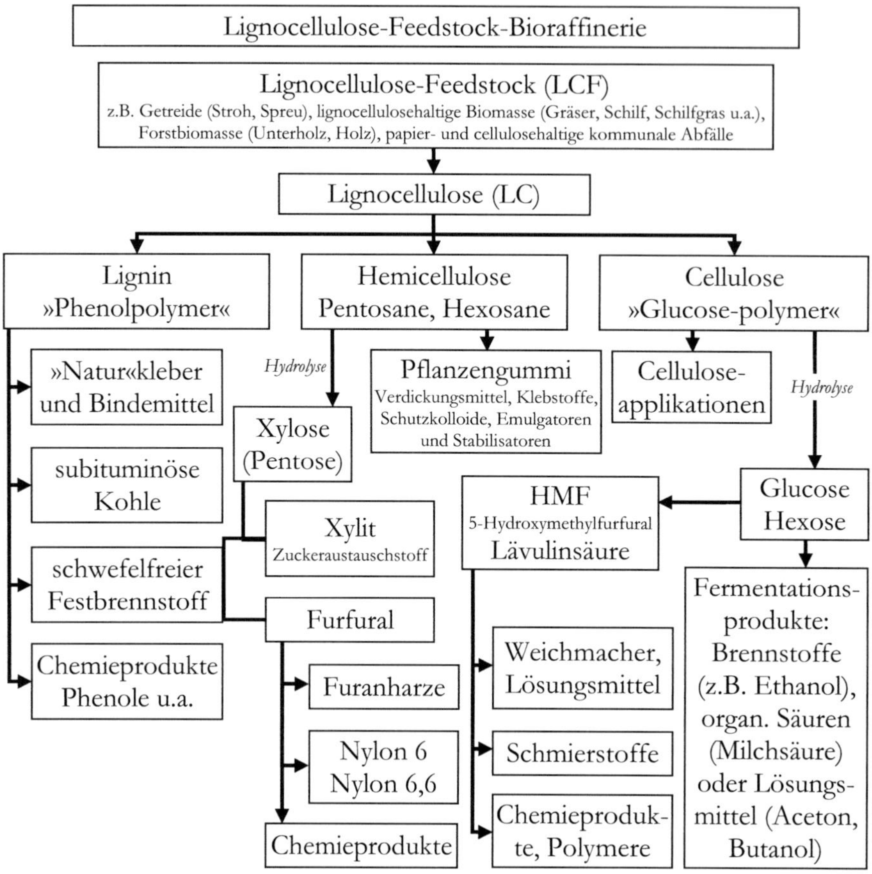

Abbildung 22: Produkte der LCF-Bioraffinerie

Quelle: (Oertel, 2007 S. 25)

2.2.3 System der Getreide-Ganzpflanzen

Rohstoffe für die Getreide-Ganzpflanzen-Bioraffinerie sind Getreide wie Roggen, Weizen, Triticale[38] und Mais. Im ersten Schritt werden das Getreidekorn und das Getreidestroh mechanisch voneinander getrennt.

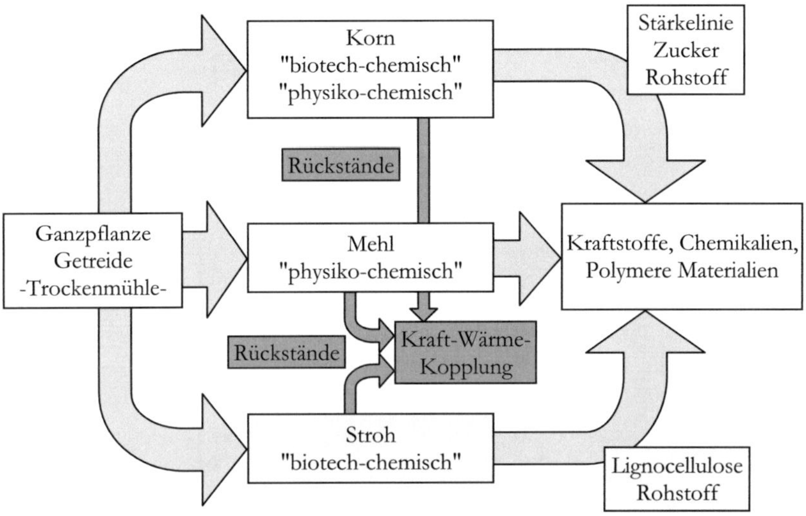

Abbildung 23: Getreide-Ganzpflanzen-Bioraffinerie

Quelle: (Kamm, et al., 2008 S. 27)

Analog zu der LCF-Bioraffinerie können aus dem Getreidestroh auch die drei Hauptproduktlinien Cellulose, Hemicellulose und Lignin erzeugt werden. Das Korn kann nach der Vermahlung wahlweise entweder direkt als Kleb- oder Füllstoff bzw. Bindemittel verwendet, oder für die Stärkegewinnung zur Kunststoff- und Glucoseproduktion genutzt werden. Daraus wiederum lässt sich über Fermentation eine Vielzahl weiterer Produkte herstellen, wie in der folgenden Abbildung erkennbar ist.

---

38 Tricitale ist ein Getreide, eine Kreuzung um die Eigenschaften von Weizen (Qualität) und Roggen (Anspruchslosigkeit) miteinander zu kombinieren

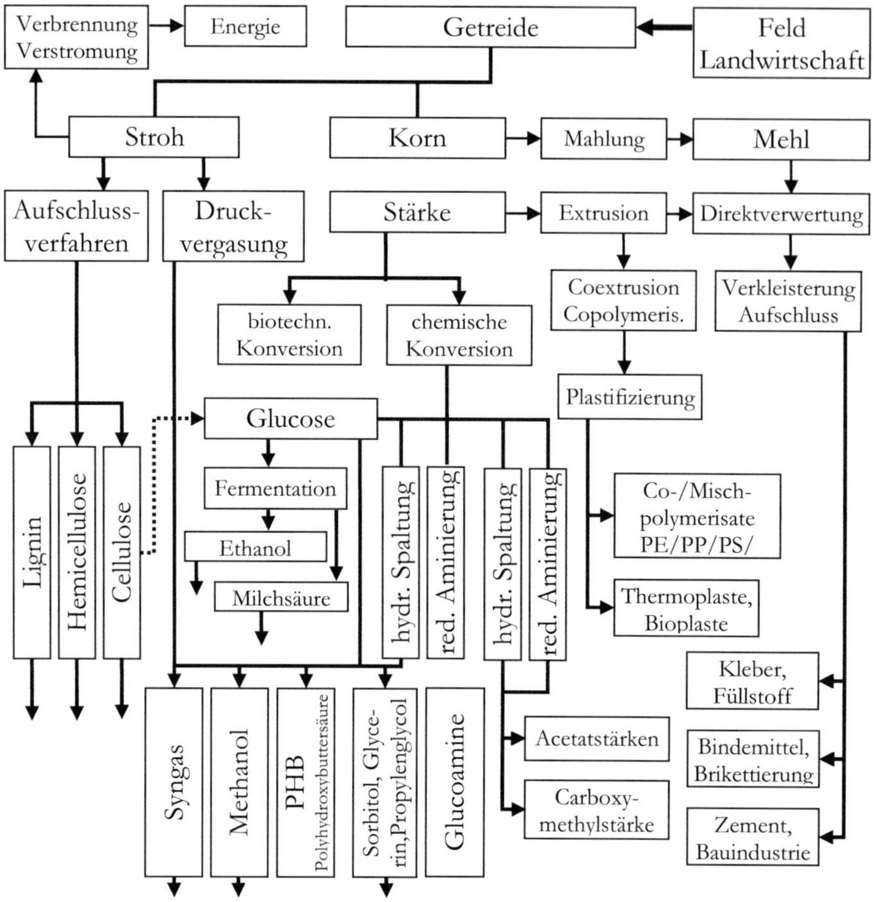

Abbildung 24: Produkte der Getreide-Ganzpflanzen-Bioraffinerie

Quelle: (Kamm, et al., 2008 S. 27)

Aufgrund von Subventionen werden für Getreide die höchsten Preise im Nahrungsmittelbereich erzielt und die Nachfrage einer stofflichen Nutzung ist sehr gering. Allerdings fällt zunehmend auch Getreide an, das den Qualitätsanforderung der EU-Regelungen und denen der Abnehmer (bzgl. Proteingehalt) nicht entspricht, so dass dieses als relativ günstiger Rohstoff genutzt werden könnte (Oertel, 2007 S. 90). Weizenstroh sei zudem ein typisches Beispiel für ein wertmäßig geringes und mengenmäßig hohes landwirtschaftliches Nebenprodukt (van Ree, et al., 2007 S. 23), das beispielsweise als Ausgangsmaterial für die Herstellung von Synthesegas mittels Pyrolyse eingesetzt werden kann. (Kamm, 2004 S. 144)

2.2.4 System der grünen Bioraffinerie

Die grüne Bioraffinerie verwendet naturfeuchte Rohstoffe wie Gras, Luzerne oder unreifes Getreide um Produkte wie Futtermittel, Proteine, Brennstoffe, Chemikalien und fermentativ auch organische Säuren, Aminosäuren, Ethanol und Biogas zu erzeugen (Oertel, 2007 S. 86). Ein Vorteil der grünen Bioraffinerie ist der hohe flächenbezogene Ertrag an Biomasse und eine gute Koppelung mit der landwirtschaftlichen Produktion. Einerseits können zwar einfache Basistechnologien, die hohes biotechnologisches und chemisches Potential bieten, angewandt werden, andererseits sind schnelle Erstverarbeitungs- und Konservierungsmethoden für Rohstoff und Vorprodukte notwendig (Kamm, et al., 2007 S. 11).

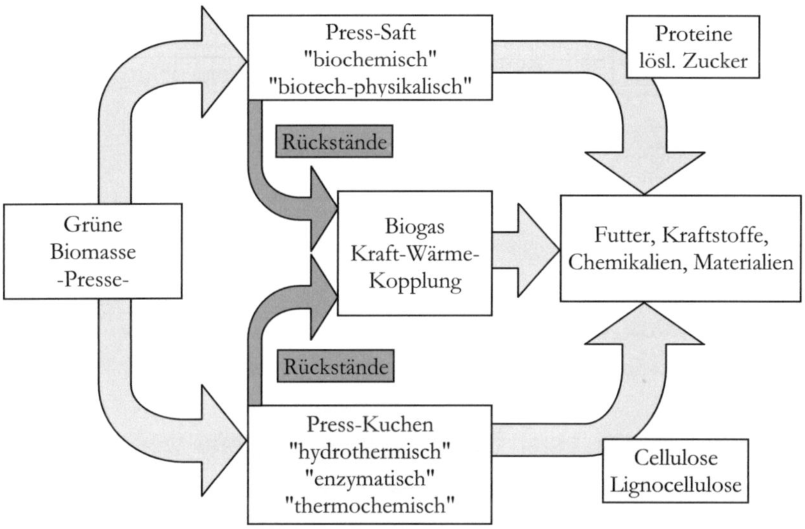

Abbildung 25: Grüne Bioraffinerie

Quelle: (Kamm, et al., 2008 S. 30)

Der grüne Presssaft enthält eine Vielzahl nützlicher Chemikalien wie Milch- und Aminosäuren, Ethanol und Proteine. Der Presskuchen kann als Futtermittel oder für die Produktion von Energie, als Material zur Wärmedämmung oder als Verbundwerkstoff genutzt werden.

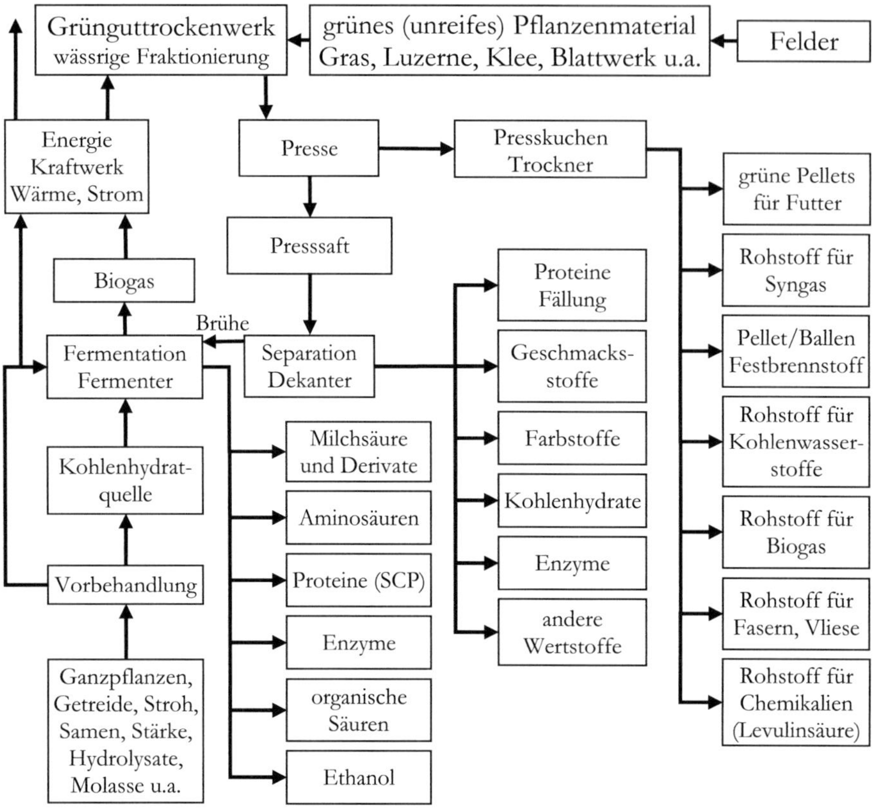

Abbildung 26: Produkte der grünen Bioraffinerie

Quelle: (Kamm, et al., 2008 S. 31)

Der Standort und regionale Bezug einer Bioraffinerie ist immens wichtig, da sich feste Biomasse nicht wie Erdöl oder Gas in Pipelines transportieren lässt. Zu den wesentlichen Standort-Parametern zählen auch Rohstoffe nach Art und Verfügbarkeit und die Infrastruktur (Landwirtschaft, Handel, Verkehr, etc.). Im Jahre 1999 wurde der Forschungs-, Entwicklungs- und Praxisverbund „Grüne Bioraffinerie Brandenburg" gegründet und als potentieller Standort die Region Havelland (westlich von Berlin) identifiziert (Bioraffinerie, 2000). Hier werden knapp 60 % der Fläche landwirtschaftlich genutzt, davon 61.000 ha als Ackerland und 31.000 ha als Grünfläche. Zusammen mit dem Futtermittelwerk Selbelang und dem Chemiepark Premnitz biete diese Region einen hohen Wissensstand der agroindustriellen Forschung und Bildung. Am Standort Selbelang wird der Bau eines grünen Bioraffinerie-Prototyps vorbereitet. Durch die Anbindung gewünschter Produktlinien an das existierende Grüngut-Trockenwerk kann die Entwicklung vorangetrieben werden, ohne den existierenden Produktionsbetrieb wesentlich zu stören (Kamm, et al., 2009).

2.2.5 Das 2-Plattform-Konzept

Ein anderes Bioraffineriekonzept verbindet die Herstellung und Weiterverarbeitung von Zucker sowie der von Synthesegas. Abhängig vom Wassergehalt der Biomasse werden nachwachsende Rohstoffe auf zwei Plattformen aufgeteilt. Die „Zucker-Plattform“ basiert im Wesentlichen auf biochemischen Konversionen, wobei der Zucker durch Stofftrennung in Kombination mit hydrolytischen Verfahren gewonnen wird. Die „Syngas-Plattform“ wendet thermochemische Konversionen an und konzentriert sich auf die Vergasung von Biomasse sowie Nebenprodukten aus den Konversionsprozessen (Oertel, 2007 S. 91f).

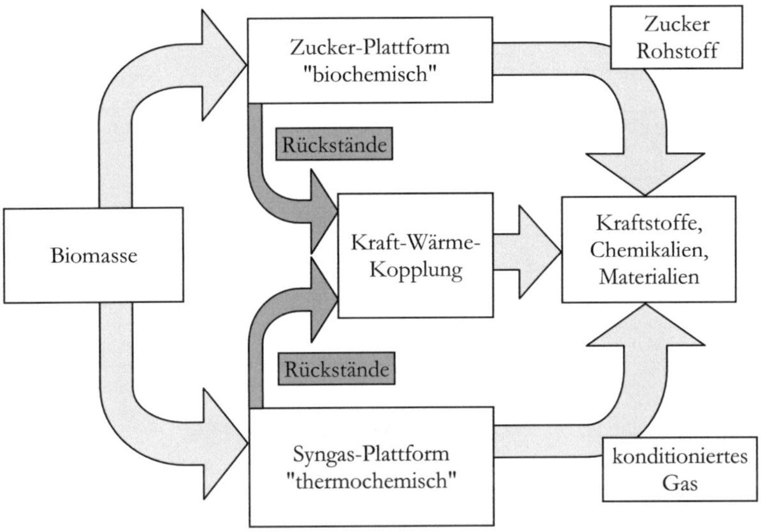

Abbildung 27: Das Zwei-Plattform Konzept

Quelle: (Oertel, 2007 S. 92)

Die Vergasung und andere chemische Prozesse fokussieren sich auf die Nutzung von Kohlenhydraten und deren wesentlichen Gehalt an Kohlen- und Wasserstoff. Proteine, Lignin, Öle, Aminosäuren etc. bleiben dabei unberücksichtigt (Kamm, et al., 2008 S. 31f). Ein Vorteil des Konzepts stellt allerdings die Nutzung von bereits erfolgreich etablierten Verfahren wie der Konversion von Zucker (z.B. Fermentation von Weizenkorn zu Ethanol) und der Vergasung (z.B. Carbo-V® Verfahren, www.choren.com) dar, die bislang unabhängig voneinander angewandt werden (Clark, et al., 2008 S. 14).

Auf der Zuckerplattform lässt sich mittels aus enzymatischer Hydrolyse gewonnener Glucose über Fermentation, Säurebehandlung und Hydrierung eine Vielzahl von Produkten herstellen. Die folgende Abbildung zeigt einen Synthesegas basierten Produktstammbaum.

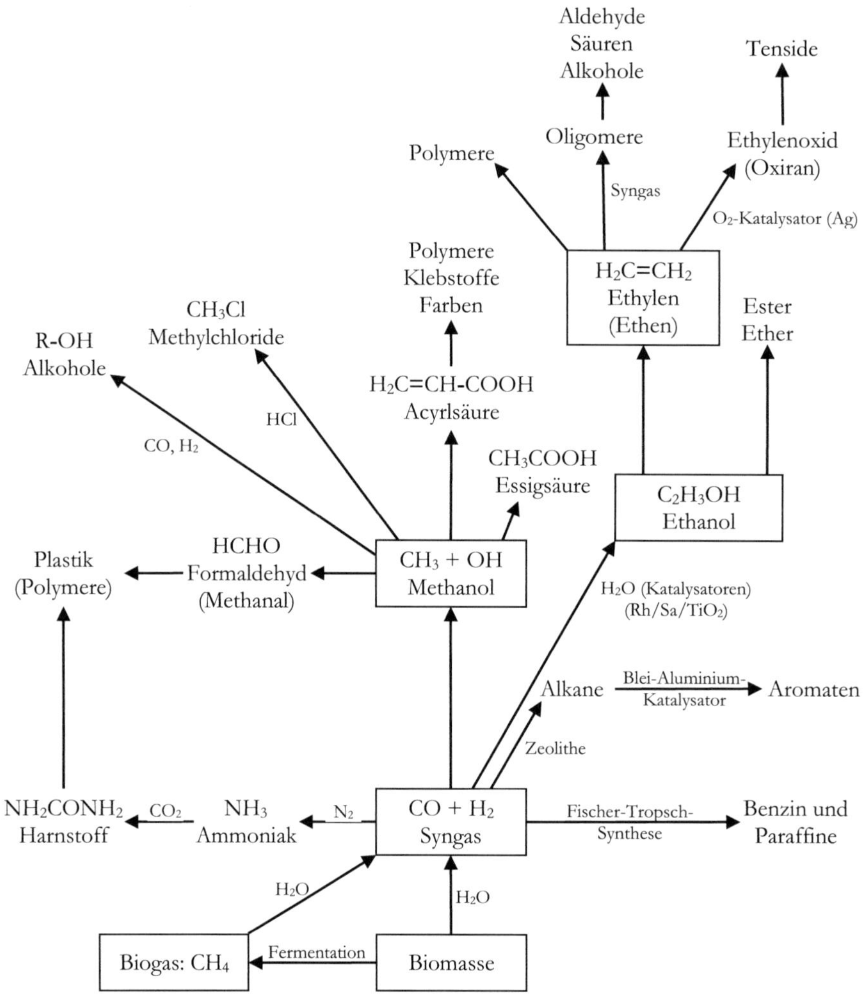

Abbildung 28: Syngas basierter Produktstammbaum

Quelle: (Kamm, et al., 2008 S. 33)

2.2.6 Unterschiede zur Erdölraffinerie

Die stoffliche Nutzung von Erdöl, die Petrochemie, ist im Gegensatz zur stofflichen Nutzung nachwachsender Rohstoffe bereits ausgereift. Die Nutzung von Erdöl für die Produktion flüssiger Kraftstoffe und organischer Chemikalien umfasst sowohl die physikalische Stofftrennung als auch chemische Synthesen. (Kamm, et al., 2008 S. 119).

Bioraffinerien und Erdölraffinerien sind prinzipiell Kuppelproduktionsprozesse mit unterschiedlichen Hauptprodukten. Das wichtigste Einsatzprodukt der heutigen Petrochemie ist Rohbenzin (Naphtha), das zu Primärchemikalien, hauptsächlich zu Olefinen, aber auch Aromaten und Synthesegas, weiterverarbeitet wird. Der Begriff Bioraffinerien wird dagegen im Grunde genommen als „Dachbegriff" für mehrere verschiedene Technologien verwendet, die aufeinander aufbauen, um eine bestimmte Kategorie von nachwachsenden Rohstoffen weiterzuverarbeiten. Die energetische Nutzung zur Herstellung von Kraftstoffen und thermischer Verwertung ist in beiden Raffinerien möglich (Oertel, 2007 S. 95).

Unterschiede zu Erdölraffinerien werden allerdings voraussichtlich immer bestehen bleiben. Prozesse wie die Fraktionierung in Bioraffinerien sind beispielsweise viel komplexer als in Erdölraffinerien (Demirbas, 2010 S. 89). Auch dürfe deren Anlagengröße schon aus logistischen Aspekten nicht möglich sein, da Erdölraffinerien in der Nähe einer punktförmigen Quelle gebaut werden können, wohingegen die Rohstoffe einer Bioraffinerie flächig verteilt sind (Dechema, 2010).

Ein weiterer bedeutender Unterschied liegt auch darin, dass bei der petrochemischen Raffinerie nur zwei Rohstoffe, Erdöl und Erdgas unterschiedlicher Herkunft und Zusammensetzung, verwertet werden, wohingegen Bioraffinerien mehrere Rohstoffe verarbeiten können und die Synthesevorleistung der Natur nutzen. Die chemische Industrie wird letztendlich diejenigen Produkte für ihre Prozesse auswählen, welche zu einem wettbewerbsfähigen Endprodukt führen werden (Deutschen Industrievereinigung Biotechnologie, Verband der Chemischen Industrie, 2010 S. 5f).

2.3 Bewertung der ökologischen Bilanzierung von Bioraffinerien

Ziel der Untersuchung des Instituts für Energie- und Umweltforschung Heidelberg war die Identifizierung ökologischer Auswirkungen von drei ausgewählten Bioraffinerie-Konzepten. Dabei wurden typische bzw. repräsentative Stoffströme über deren Verarbeitung bis zur Nutzung beispielhaft bilanziert. Dazu wurden Umweltwirkungen (Einsatz erschöpflicher Energieressourcen, Treibhauseffekt, Versauerung, Nährstoffeintrag und Abbau der Ozonschicht) analysiert und als Differenz zwischen den Aufwendungen und Gutschriften aus den ersetzten konventionellen Produkten dargestellt (Reinhardt, et al., 2005 S. 26-29).

Grüne Bioraffinerie

Die grüne Bioraffinerie weist gegenüber dem Trockenwerk, das für die Trocknung von Presskuchen zu Pellets einen hohen Energieaufwand erfordert, mindestens beim Einsatz fossiler Energie und dem Treibhauseffekt ökologische Vorteile auf. Gegenüber dem Einsatz der Biomasse in Biogasanlagen zeigt sich allerdings, dass mehr fossile Energie benötigt wird und mehr Treibhausgase emittiert werden. Zusätzlich wurde dann die alternative Flächennutzung berücksichtigt, da Produkte wie Futtermittel durch grüne Bioraffinerien ersetzt werden können. Bei diesem erweiterten Szenario, welches davon ausgeht, das frei werdende Flächen nicht mehr zur Nahrungs- und Futtermittelproduktion benötigt, sondern für den Energiepflanzenanbau genutzt werden können, konnte die Bioraffinerie im günstigsten Fall Vorteile bei dem Einsatz fossiler Energie und dem Treibhauseffekt haben. Eine objektive, wissenschaftlich begründete Entscheidung für die Biogasanlage oder die grüne Bioraffinerie konnte daher nicht erfolgen (Reinhardt, et al., 2005 S. 36/59).

LCF-Bioraffinerie und Getreide-Ganzpflanzen-Bioraffinerie

Die Ergebnisse der LCF- und Getreide-Ganzpflanzen-Bioraffinerie treffen auf beide Systeme zu. Beide weisen ökologische Vorteile gegenüber der Möglichkeit, Getreidestroh zur BTL-Produktion einzusetzen, oder nach der Ernte auf dem Feld zu belassen, auf. Auch gegenüber der Verbrennung des Strohs oder der energetischen Nutzung zeigen sich Vorteile, so dass die LCF- und Getreide-Ganzpflanzen-Bioraffinerie anderen Nutzungsmöglichkeiten vorzuziehen sei. Entscheidend dafür sei aber die Nutzung des Lignin um damit hochwertige Kunststoffe, wie z.B. ABS[39], sowie -harze zu ersetzen. Die Herstellung sowie Nutzung von Lignin-Materialien solle daher stärker erforscht werden (Reinhardt, et al., 2005 S. 53/59f).

Auch die Ergebnisse der Ökobilanzierung weiterer Varianten untersuchter LCF-Bioraffinerien (Uihlein, et al., 2009) lassen keine objektive Entscheidung für oder gegen Bioraffinerien zu. Nichtsdestotrotz zeige das Gesamtergebnis, dass zukünftige Bioraffinerie-Systeme unter dem ökologischen Gesichtspunkt konkurrenzfähig zu den bereits existierenden Erdölraffinerien sein werden, vor allem durch die Entwicklung neuer Technologien und Verfahren (Uihlein, et al., 2009 S. 801f).

---

[39] Lignin (als Strohbestandteil) kann zur Substitution von Kunststoffen wie Acrylnitril-Butadien-Styrol(ABS)-Copolymerisat eingesetzt werden

3 Flächen- und Nutzungskonkurrenzen von Nachwachsenden Rohstoffen

Das erneuerbare-Energien-Gesetz[40], das Marktanreizprogramm des BMU[41] als auch das Biokraftstoffquotengesetz[42] fördern die verstärkte Nutzung von Biomasse in der Energieerzeugung. Die energetische Verwendung tritt damit nicht nur in Konkurrenz zueinander, sondern auch zu der stofflichen Nutzung von Biomasse (WI, RWI Essen, 2008 S. 13). Wenn der stofflichen Nutzung zukünftig eine größere Bedeutung zukommt, wird der Flächenbedarf weiter steigen. Die für den Anbau benötigten Flächen sollten allerdings nicht in Konkurrenz zur Nahrungs- und Futtermittelproduktion stehen oder zum Import von Nahrungsmitteln führen (Oertel, 2007 S. 141). Die landwirtschaftliche Flächennutzung in Deutschland für den Anbau nachwachsender Rohstoffe betrug 2006 1,6 Millionen Hektar, ca. 13 % des gesamten Ackerlandes, wobei energetisch verwendete Rohstoffe einen Anteil von mehr als 80 % stellten (WI, RWI Essen, 2008 S. 55).

Die Nachfrage nach biogenen Ressourcen bestimmt sich zunächst durch die für die Nahrungs- und Futtermittelproduktion benötigte Fläche. Aufgrund von Ertragssteigerungen beim Nahrungsmittelanbau, die in den letzten Jahrzehnten bei über 1 %/Jahr lagen, nimmt dieser Bedarf tendenziell ab. Durch die Überschussproduktion kommt es zu einer Flächenstilllegung, welche für den Anbau nachwachsender Rohstoffe und Energieträger genutzt werden können. Diese Flächenfreisetzungen sind von verschiedenen Faktoren abhängig:

---

[40] http://dejure.org/gesetze/EEG/1.html

[41] http://www.erneuerbare-energien.de/inhalt/45101/41238/

[42] http://www.zoll.de/b0_zoll_und_steuern/b0_verbrauchsteuern/b0_energie/d0_besonderheit/c0_biokraftst/a0_allgemeines/index.html

- von der Bevölkerungsentwicklung und dem Pro-Kopf-Verbrauch an Nahrungsmitteln (Mehrverbrauch reduziert, Minderverbrauch vermehrt die Flächen)
- von der erwartbaren Flächenumwidmung von Landwirtschafts- zu Siedlungs- und Verkehrsflächen etc. (reduziert Flächen)
- von Ertragssteigerungen in der Pflanzenproduktion sowie der Reduzierung des Futtermitteleinsatzes (setzt Flächen frei)
- vom Abbau von Exportüberschüssen etwa bei Zucker, Milch und Rindfleisch (Reduzierung der Nahrungsmittelproduktion führt zu Flächenfreisetzung)

Quelle: (Oertel, 2007 S. 142)

Nach Angaben der FAO[43] wird die Weltbevölkerung gegenüber 2004 bis 2030 um 30,4 % anwachsen während beispielsweise die Erträge für Getreide pro Hektar in diesem Zeitraum um ca. 29,1 % steigen dürften. Der Fleischkonsum wird dagegen um 55,5 % steigen, der Getreidekonsum um 28,4 %. Da die Futtermittelproduktion für die Tierhaltung erheblich mehr Fläche beansprucht als die direkt pflanzliche Ernährung des Menschen (in etwa das 4,8-fache), wird sich allein durch diese Entwicklung der Druck zur Ausweitung landwirtschaftlicher deutlich erhöhen (Umweltbundesamt, 2009 S. 211).

Zur Identifizierung der Konkurrenzen wurde in der untersuchten Literatur die Nachfrage nach nachwachsenden Rohstoffen und Energieträgern dem vorhandenen Potential gegenübergestellt. Im Falle des sog. Basisszenarios, einer Sicht auf das technische Potential unter Berücksichtigung der Nachhaltigkeit sowie einer Vielzahl weiterer begrenzenden Faktoren (DLR, IFEU, 2004 S. 129f), kann für 2015 die Nachfrage für die stoffliche Nutzung nachwachsender Rohstoffe einschließlich eines Einsatzes in Bioraffinerien wie auch die energetische Nachfrage für Strom, Wärme und Kraftstoffe durch vorhandene Potentiale gedeckt werden (Oertel, 2007 S. 152).

Die folgende Abbildung gibt einen Überblick über die maximalen Biomassepotentiale und die prognostizierte Nachfrage in Brennstoffäquivalenten für 2015:

[43] Food and Agriculture Organization of the United Nations

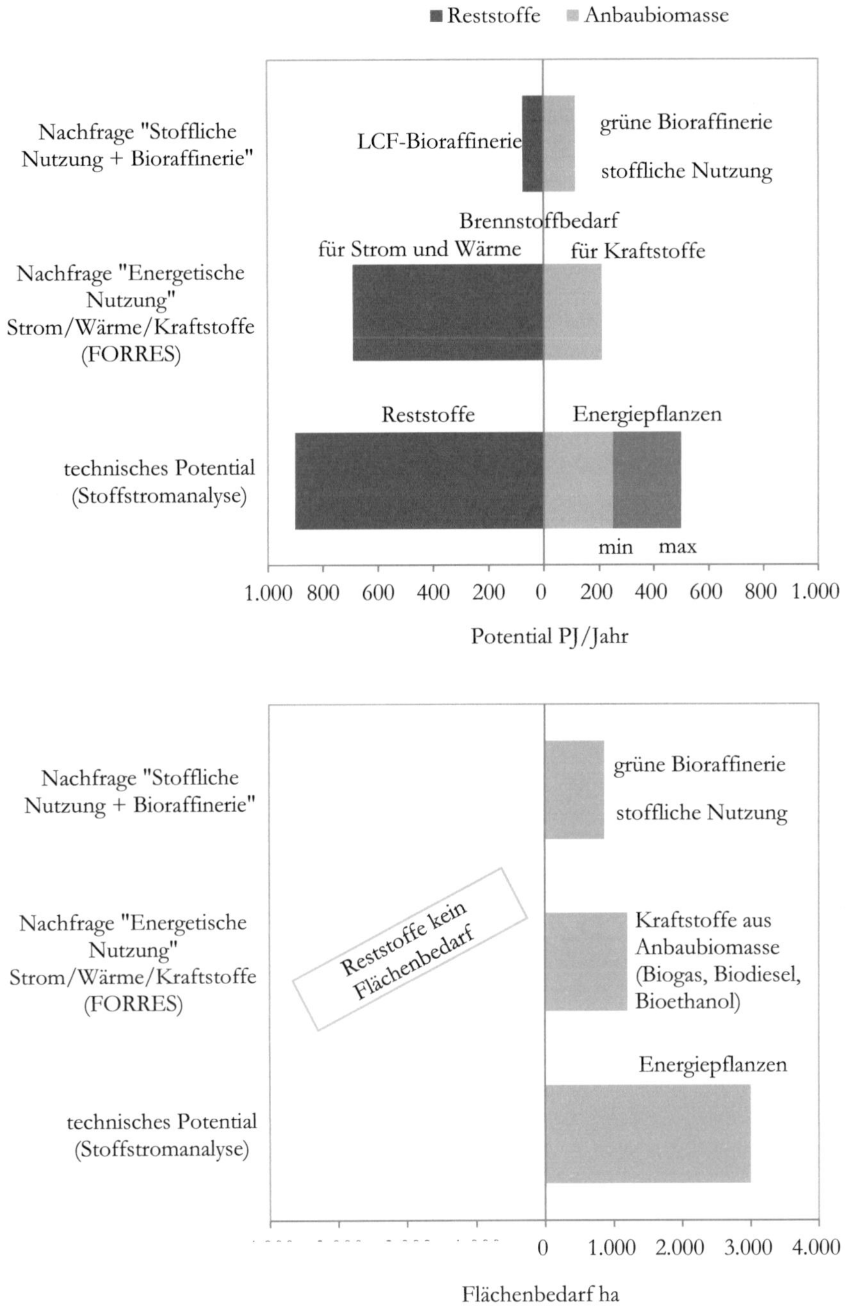

Abbildung 29: Nutzungs- und Flächenkonkurrenzen für das Basisszenario 2015, FORRES: Studie der Generaldirektion für Energie und Transport der europäischen Kommission für die Dokumentation der Nachfrage energetischer Nutzung

Quelle: (Oertel, 2007 S. 154)

Reststoffe stehen als Ressource nicht in Konkurrenz zur Nahrungsmittelproduktion und führen daher auch nicht zu höheren Preisen von Nahrungsmitteln. Hochentwickelte Technologien zur Produktion von Biokraftstoffen der zweiten Generation (Kapitel 1.3.1) und Bioraffinerien wie z.B. die LCF-Bioraffinerie (Kapitel 2.2.2) sind in der Lage Nutzungskonkurrenzen zu vermeiden (United Nations Industrial Development Organization, 2009 S. 40)

Im Basisszenario für 2030 kann mit einer erhöhten Diskrepanz zwischen verfügbarer Biomasse und der Nachfrage nachwachsender Rohstoffe gerechnet werden, so dass Reststoffe nicht mehr in ausreichender Menge zur Deckung der Gesamtnachfrage vorhanden sind und die Nachfrage nur durch einen zusätzlichen Anbau von Biomasse gedeckt werden könne. Die Nachfrage zur stofflichen Nutzung könne allerdings auch 2030 durch das technische Potential gedeckt werden (Oertel, 2007 S. 154-156).

Die nachhaltige Nutzung von Bioenergie aus Energiepflanzen könne daher „nur bis etwa Mitte des Jahrhunderts eine [...] Brückentechnologie für den Übergang bestehender fossiler Energiesysteme in eine Energiezukunft mit überwiegendem Anteil an Wind und Solarenergie sein. Der nicht substituierbare Landnutzungsbedarf für die Herstellung von Textilien, chemischer Produkte, Kunststoffen [...] dürfte bei rund 10 % der Weltagrarfläche liegen“. (WBGU, 2008 S. 9)

4 Marktaspekte von Produkten aus Nachwachsenden Rohstoffen

Das folgende Kapitel beschäftigt sich mit ausgewählten Marktaspekten der Produktgruppen Biokraftstoffe, Biokunststoffe und chemischer Grundstoffe. Der erhöhte Preis von Produkten aus nachwachsenden Rohstoffen im Vergleich zu Produkten auf Basis fossiler Rohstoffe lässt sich in der Regel dadurch begründen, dass sich die Technologien zur Konversion von Biomasse noch im Entwicklungsstadium befinden. Gleichzeitig lassen sich bislang aufgrund der geringen Produktionsmengen und Anlagekapazitäten noch keine Skaleneffekte zur Senkung der Herstellungskosten erzielen. Abschließend werden Interessen und Erwartungen von Akteuren aus Unternehmen, wissenschaftlichen Einrichtungen, Vereinen sowie Verbänden unterschiedlicher Bereiche der stofflichen Nutzung nachwachsender Rohstoffe diskutiert.

4.1 Biokraftstoffe

Im Jahre 2004 wurden 1,4 Millionen Tonnen Biokraftstoffe mit einem Wert von ca. 1 Mrd. € in Deutschland abgesetzt, ein Anteil von rund 2 Vol.-% am deutschen Kraftstoffmarkt, 2008 lag der Verbrauch bereits bei 3,7 Millionen Tonnen (FNR, 2010).

Dominiert wird der Biokraftstoffmarkt von Biodiesel (1,2 Mio. t) mit einem Anteil von 4 % am deutschen Dieselmarkt 2004 (méo Consulting Team, IE Leipzig, Faserinstitut Bremen, 2006 S. 163). Davon werden bislang 40 % als Reinkraftstoff in Fahrzeugflotten und 30 % in PKW genutzt, sowie weitere 30 % als maximal 5-prozentige Beimischung zu Dieselkraftstoff zugesetzt. Deutschland ist bei der Produktion von Biodiesel weltweit Marktführer, 2010 werde der Markt auf voraussichtlich 2,4 Millionen Tonnen ansteigen (Menrad, et al., 2006 S. 110/195). Der Markt für Bioethanol in Deutschland besteht erst seit dem Jahr 2004, in dem ca. 80.000t Bioethanol abgesetzt wurden. 2008 wurden bereits 626.000 Tonnen verbraucht (FNR, 2010). Der überwiegende Anteil wird für die Produktion von ETBE[44] verwendet, der Rest regional direkt dem Ottokraftstoff beigemischt. Nach dem Ziel der EU-Biokraftstofflinien errechnet in diesem Jahr ein Marktvolumen von ca. 1,8 Millionen Tonnen Bioethanol. Die Erwartungen für die Ethanolherstellung auf der Basis lignocellulosehaltiger Rohstoffen sind groß, da dadurch eine deutlich günstigere Produktion ermöglicht

[44] Ethyl-Tertiär-Butyl-Ether, eine chemische Verbindung zur Erhöhung der Oktanzahl bei Ottokraftstoffen

werden soll. (Menrad, et al., 2006 S. 112f/213). Bioethanol kann zudem auch stofflich genutzt werden.

Der Markt für synthetische Biokraftstoffe und Biogas erreichte bislang keine marktrelevante Größe (méo Consulting Team, IE Leipzig, Faserinstitut Bremen, 2006 S. 163).

4.2 Biokunststoffe

Nach einer Studie der Fachagentur für Nachwachsende Rohstoffe und des Verbands der Kunststofferzeugenden Industrie wird der weltweite Kunststoffverbrauch 2010 auf rund 270 Millionen Tonnen ansteigen, eine jährliche Wachstumsrate von 4,5 %. wobei das größte Einsatzfeld mit 33% im Bereich der Verpackungen liegt (Bundesministerium für Umwelt, Naturschutz und Reaktorsicherheit, 2007 S. 20f).

Die Entwicklung von Biokunststoffen fokussiert daher zunehmend die Substitution von Massenkunststoffen wie Polyethylen (PE), Polypropylen (PP) und Polystyrol (PS) als Verpackungen. Die Produktionskapazitäten für Biokunststoffe lagen 2006 Schätzungen nach weltweit bei 350.000 t (Oertel, 2007 S. 164f).

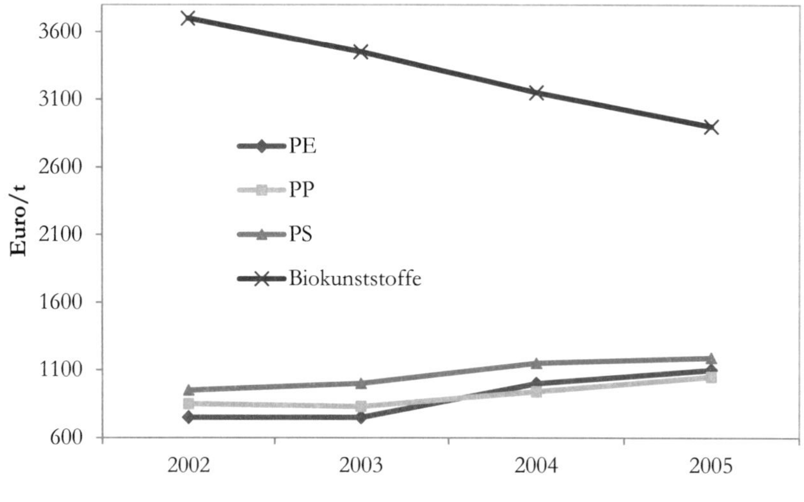

Abbildung 30: Marktpreisentwicklung von Massenkunststoffen und Biokunststoffen

Quelle: (Oertel, 2007 S. 166)

Die hohen Marktpreise der Biokunststoffe von 3.000-4500 €/t im Vergleich zu PE, PP oder PS mit 1000-1200 €/t können darauf zurückgeführt werden, dass sie gegenüber den Massenkunststoffen einen Entwicklungsnachteil von 30-40 Jahren besitzen, so dass die Produktionsverfahren weder technisch noch wirtschaftlich annähernd so optimiert sind wie diejenigen von PE, PP oder PS . Der Preis von Stärke, auf der ein Großteil heutiger Biokunststoffe basiert, beeinflusst mit 300-400 €/t den hohen Werkstoffpreis nur minimal. Man könne erwarten, dass sich die Preise von Bio- und Massenkunststoffen aufgrund des geplanten Ausbaus von Produktionsanlagen immer stärker annähern werden (Menrad, et al., 2006 S. 101f), und sich damit der Preis durch Skaleneffekte deutlich senken ließe (méo Consulting Team, IE Leipzig, Faserinstitut Bremen, 2006 S. 410).

Zur gesamtwirtschaftlichen Betrachtung müssen zusätzlich zum Marktpreis auch die Entsorgungskosten betrachtet werden, die für Biokunststoffe im Fall der Kompostierung ca. 0,40 €/kg betragen. Die Kosten für die Entsorgung herkömmlicher Kunststoffe über das Duale System Deutschland betragen ca. 1,40 €/kg, so dass der Preisunterschied zwischen einem Stärkeblend und PE-LD (low density Polyethylen) damit nicht mehr bei 1.900 €/t sonder nur mehr bei 700 €/t liege (Menrad, et al., 2006 S. 102).

4.3 chemische Grundstoffe

Die wichtigsten Stoffe der chemischen Industrie werden derzeit aus Erdöl oder Erdgas hergestellt, nachwachsende Rohstoffe haben derzeit einen Anteil von ca. 13 % an der chemischen Rohstoffbasis. Aus Rohstoffen wie Cellulose, Stärke und Pflanzenölen werden aus Gründen der Wirtschaftlichkeit nur einige wenige Grundstoffe produziert. Beispiele hierfür sind Zitronen-, Milch-, Lävulinsäure, Sorbit, Glycerin, Cellulosederivate und Oleochemikalien. Dabei hat die Biotechnologie entscheidend dazu beigetragen die Wirtschaftlichkeit dieser Substanzen zu verbessern. Wie in Kapitel 2.1 beschrieben, haben US-Forscher eine Vielzahl zuckerbasierter Chemikalien identifiziert, die sich für die Herstellung chemischer Grundstoffe eignen. Bislang wurden dabei keine wirtschaftlichen Aspekte betrachtet, da es zunächst darum geht, aus der Vielzahl organischer Verbindungen diejenigen herauszufiltern, für deren Produktion Rohstoffe in ausreichend großer Menge zur Verfügung stehen und die durch möglichst einfache Reaktionen in eine möglichst große Anzahl chemisch verwertbarer Derivate konvertiert werden können. (Menrad, et al., 2006 S. 38-41)

Der wirtschaftliche Erfolg der Petrochemie lässt sich auf der jahrzehntelangen technischen und wirtschaftlichen Optimierung eines Systems von stammbaumfähigen chemischen Substanzen begründen (Oertel, 2007 S. 168). Damit kommt der Entwicklung eines Stammbaumsystems und vor allem auch der Biotechnologie zukünftig eine große Bedeutung zu, die maßgeblich zu einem Wachstum der nachwachsenden Rohstoffbasis in der chemischen Industrie beitragen werde (Armansperg, et al., 2007 S. 223-225). Dabei ist zu beachten, dass viele Konversionstechnologien von Biomasse, die Voraussetzung für eine breite Nutzung nachwachsender Rohstoffe als Chemierohstoff sind, sich derzeit noch mit der Grundlagenforschung beschäftigen.

Der Markt für nachwachsende Rohstoffe wächst nach Einschätzung von Experten bis 2010 auf voraussichtlich 2,6 Millionen Tonnen. Bis 2020 werden weiter signifikante Wachstumsraten erwartet, wobei der Markt für Kohlenhydrate auf Zuckerbasis, angetrieben von der Biotechnologie, mit 10-15% das höchste durchschnittliche Wachstum verzeichnen kann (méo Consulting Team, IE Leipzig, Faserinstitut Bremen, 2006 S. 269).

4.4 Interessen und Erwartungen

Deutschlandweit wurden die Interessen und Erwartungen von 337 Akteuren aus Unternehmen, wissenschaftlichen Einrichtungen, Vereinen und Verbänden unterschiedlicher Bereiche der stofflichen Nutzung nachwachsender Rohstoffe durch einen Fragebogen analysiert. Die Antworten, darunter 88 verwertbare Fragebögen, beziehen sich auf die Vor- und Nachteile nachwachsender Rohstoffe im Vergleich zu fossilen Ausgangsmaterialien. Die folgenden Ausführungen basieren im Wesentlichen auf (Menrad, et al., 2006 S. 125-131).

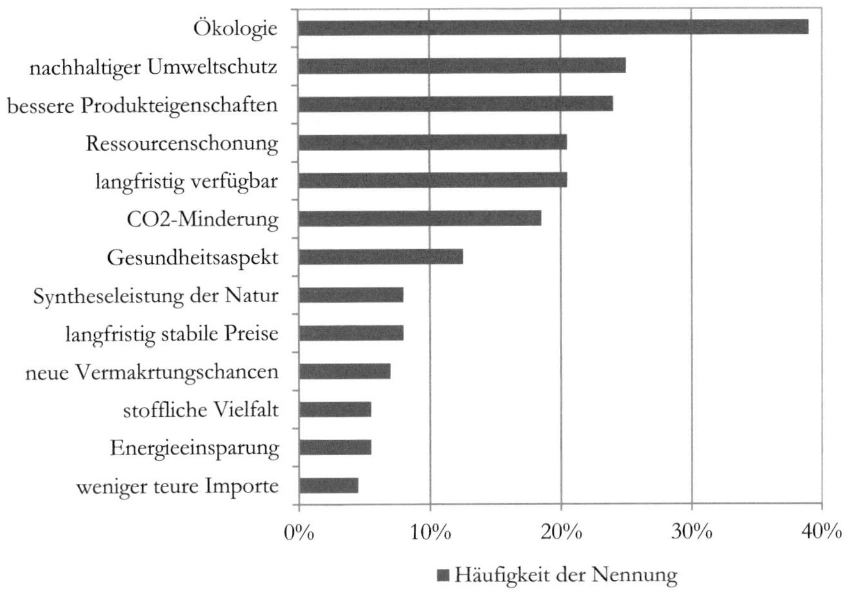

Abbildung 31: Vorteile nachwachsender Rohstoffe aus Sicht der befragten Akteure; Mehrfachnennungen möglich: n = 88

Quelle: (Menrad, et al., 2006 S. 126)

Die Antworten auf die Frage nach den Vor- und Nachteilen nachwachsender Rohstoffe wurden in großen Gruppen zusammengefasst. Vor allem unter Umweltaspekten haben nachwachsende Rohstoffe demnach Vorteile, knapp 70 % der Antworten verweisen auf dieses Thema. Der zweite Faktor sind qualitative Vorteile der Produkte, gefolgt von langfristiger Verfügbarkeit und gesundheitlichen Aspekten. 35 Antworten konnten nicht eindeutig zugeordnet werden, was darauf hindeute, dass viele produkt- und anwendungsspezifische Faktoren bei der stofflichen Nutzung zu beachten sein.

Bei der Frage nach den Nachteilen dominieren monetäre Aspekte, gefolgt von qualitativen Nachteilen bei der Nutzung nachwachsender Rohstoffe. Die Platzierung auf dem Markt verschlechtere sich aufgrund erhöhter Preise, bedingt durch höhere Produktionskosten und Qualitätsschwankungen der Rohstoffbasis. Zudem sei es für dic Akteure schwierig, den Verbraucher von den Vorteilen nachwachsender Rohstoffe zu überzeugen. Auch bei den Nachteilen wurden 32 Antworten in der Kategorie „Sonstiges“ zusammengefasst, was auf eine spezifische Problemkonstellation für das Feld der stofflichen Nutzung schließen lässt.

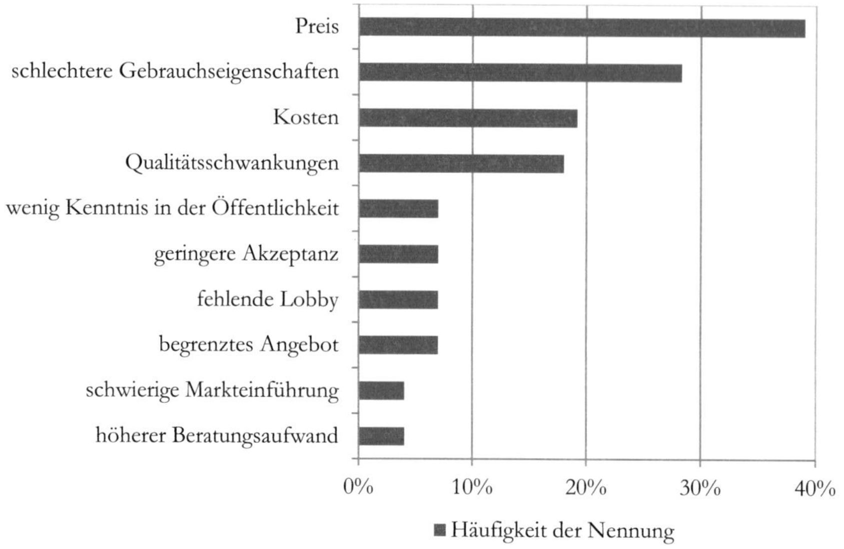

Abbildung 32: Nachteile nachwachsender Rohstoffe aus Sicht der befragten Akteure; Mehrfachnennungen möglich: n = 88

Quelle: (Menrad, et al., 2006 S. 127)

Als entscheidendes Hemmnis wird der Preis angesehen, wobei auch die mangelnde Akzeptanz in der Bevölkerung und erhöhte Produktionskosten (im Vergleich zu fossilen Alternativen) die stoffliche Nutzung nachwachsender Rohstoffe hemmen. Die Akteure fordern die Politik zudem auf, klare Rahmenbedingungen für die Produktion und Vermarktung von Produkten aus nachwachsenden Rohstoffen zu definieren, um gegen keine Auflagen bei der Herstellung von Produkten zu verstoßen.

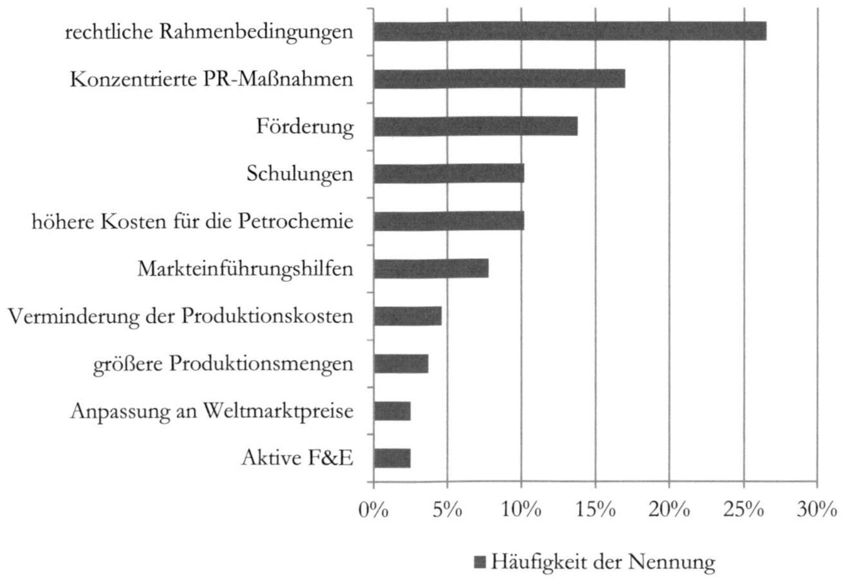

Abbildung 33: Maßnahmen zur Beseitigung der Hemmnisse; Mehrfachnennungen möglich: n = 88

Quelle: (Menrad, et al., 2006 S. 129)

Die Entwicklungschancen werden von den Befragten als „sehr gut" bis „gut" betrachtet, allerdings bestehe von Seiten der Politik Handlungsbedarf, da die stoffliche im Vergleich zur energetischen Nutzung als vernachlässigt angesehen wird.

5 Fazit und Handlungsbedarf

Die aktuelle Nutzung nachwachsender Rohstoffe fokussiert die energetische Verwertung von Biomasse. Kapitel 1.1 hat gezeigt, dass angesichts der damit verbundenen Flächen- und Nutzungskonkurrenzen sowie der technisch und wirtschaftlich realisierbaren Potentiale die nachhaltige Erzeugung von Bioenergie stark beschränkt ist. Für die Bereitstellung erneuerbarer Energie existiert zudem bereits heute eine Vielzahl von Alternativen. Die chemische Industrie engagiert sich zunehmend, die Rohstoffbasis auf nachwachsende Rohstoffe umzustellen, da diese die einzige alternative Kohlenstoffquelle zu Erdöl für die Erzeugung von chemischen Produkten ist (Kapitel 1.2). Diese stoffliche Nutzung schließt die energetische Verwertung allerdings nicht aus. Hierbei konnte gezeigt werden, dass das Kaskadenprinzip mit der abschließenden energetischen Nutzung nachwachsender Rohstoffe einen vielversprechenden Ansatz darstellt. Eine mehrfache und hochwertige stoffliche Nutzung vor der letzten energetischen Verwertung erhöht nicht nur die Rohstoff- und Flächeneffizienz, sondern wirkt auch dem begrenzten Potential für den Anbau biogener Materialien entgegen (vgl. Kapitel 3). Die derzeitigen politischen Rahmenbedingungen setzen allerdings Anreize, die der Kaskadennutzung entgegenlaufen, da die finanzielle Förderung und die Ausbauziele der energetischen Nutzung nachwachsender Rohstoffe die Anreize für die stoffliche Nutzungsphase verringern. (Kristof, et al., 2009 S. 26-28). Der Stellenwert der stofflichen Nutzung nachwachsender Rohstoffe in der Forschungsförderung nimmt zwar zu, allerdings fehlen bislang konkrete, übergeordnete Zielvorgaben. Eine „Roadmap für die stoffliche Nutzung“ wäre daher für die klare Formulierung der Ziele und Forschungsstrategien erforderlich (Oertel, 2007 S. 198f).

Zudem sind die technischen Verfahren zur stofflichen Nutzung nachwachsender Rohstoffe derzeit noch nicht ausgeschöpft (vgl. Kapitel 2.1.1). Eine Vielzahl von Produkten wird bereits heute auf der Basis nachwachsender Rohstoffe hergestellt (vgl. Kapitel 1.2.2). Die Forschung und Entwicklung von Produkten, wie z.B. der zukünftigen Herstellung chemischer Grundstoffe (vgl. Kapitel 2.1), sollte angesichts des Potentials vorangetrieben werden (Oertel, 2007 S. 199). Die enzymatische Biokonversion mit gentechnisch veränderten Organismen (vgl. Kapitel 2.1.4) stellt einen der meistversprechenden Wege zur biologischen Konversion dar (PNNL

NREL, 2004 S. 18). Da hier aber ein mögliches Risiko bei der Freisetzung und mangelnde Akzeptanz in der Öffentlichkeit besteht, sollte auch auf diesem Gebiet Forschungs- und Aufklärungsarbeit geleistet werden um sicherzustellen, dass „die Gentechnologie keine Gefahr für unkontrollierte Reaktionen darstellt" (Wagner, et al., 2005 S. 95).

Für die zukünftige Nutzung nachwachsender Rohstoffe konnte gezeigt werden, dass die integrierte Produktion chemischer Grundstoffe und anderer Erzeugnisse in Bioraffinerien einen vielversprechenden Ansatz darstellt und den Nutzen von Biomasse maximiert (Kapitel 2.2), da alle Bestandteile und Zwischenprodukte verwertet werden. Allerdings besteht noch enormer Entwicklungsbedarf hinsichtlich der Basiskonzepte, technischen Umsetzungsmöglichkeiten als auch Demonstrationsanlagen. Die Entwicklung innovativer Syntheserouten, von der Aufbereitung der Ausgangsstoffe bis zur Verknüpfung biologischer und chemischer Synthesen und Verfahren (Kapitel 2.2.1), sowie Machbarkeitsstudien zu Bioraffinerie-Systemen und die Etablierung von Pilotanlagen müssen daher vorangetrieben werden (Oertel, 2007 S. 199f).

Hinsichtlich der ökologischen Bewertung gilt sowohl für einzelne Produkte als auch für Bioraffinerien, dass die stoffliche Nutzung nicht grundsätzlich mit Umweltvorteilen verbunden sein muss (vgl. Kapitel 1.3/2.3). Die getroffenen Aussagen sollten daher als Basis für weiterführende, detaillierte Einzelfallanalysen konkreter Gesamtnutzungskonzepte angesehen werden. Weitere Aspekte, wie z.B. alternative Nutzungsmöglichkeiten, sollten zur Identifizierung optimaler Produktlinien herangezogen werden (Reinhardt, et al., 2005 S. 33). In diesem Zusammenhang sollte auch der Anbau und die Züchtung von Pflanzen (vgl. Kapitel 1.3.3, Fruchtfolgen) Bestandteil weiterer Forschungs- und Entwicklungsarbeit sein.

Die Informationsdefizite vieler potentieller Nutzer und Anwender von Produkten aus nachwachsenden Rohstoffen können von seitens der Industrie durch zielgruppengerechte und professionell ausgestaltete Informations- und Kommunikationsmaßnahmen verringert werden (vgl. Kapitel 4). Durch die Entwicklung besonderer Produktvorteile sei zudem zu erwarten, dass zumindest für einen gewissen Zeitraum höhere Preise im Vergleich zu Konkurrenzprodukten auf fossiler Basis zu rechtfertigen und zu erzielen seien (Menrad, et al., 2006 S. 165f).

6 Literaturverzeichnis

AGENS Arbeitsgemeinschaft NaturStoffe, Nachwachsende Rohstoffe, http://www.leb1.de/leonardo/seiten/nutzung.html (Zugriff am 12. Juli 2010).

American Institute of Chemical Engineers, A Spouted Bed Bioreactor for Solid State Fermentation for Enzyme Production from Plant Biomass, 2006, http://aiche.confex.com/aiche/2006/webprogrampreliminary/Paper66572.html (Zugriff am 30. August 2010).

Armansperg, M. G., Patel M., Marktanalyse Nachwachsende Rohstoffe Teil II, Fachagentur Nachwachsende Rohstoffe e.V, 2007, http://www.fnr-server.de/ftp/pdf/literatur/pdf_281marktanalyse-ii-komplett.pdf (Zugriff am 15. September 2010).

Bader, J., et al, Nachwachsende Rohstoffe, Fonds der Chemischen Industrie im Verband der chemischen Industrie e.V, 2009, http://fonds.vci.de/template_downloads/tmp_fonds.vci.de/126115Textheft_farbig.pdf?DokNr=126115&p=111 (Zugriff am 22. Juli 2010).

BIOPOL, BIOPOL Final report, Assessment of Biorefinery concepts and the implications for agricultural and forestry policy, 2009, http://www.biorefinery.nl/fileadmin/biopol/user/documents/PublicDeliverables/BIOPOL_D_7_6_-_Final_240609.pdf (Zugriff am 4. August 2010).

AG Grüne Bioraffinerie, Grüne BioRaffinerie Brandenburg - Beiträge zur Produkt- und Technologieentwicklung sowie Bewertung, 2000, http://www.biopos.de/pdf/BUB8.pdf (Zugriff am 08. September 2010).

Biorefinery Euroview, Current situation and potential of biorefinery concept in the EU - Strategic framework and guidelines for its development, 2007, http://www.biorefinery-euroview.eu/biorefinery/public/documents/biorefinery_euroview2.pdf (Zugriff am 18. Juli 2010).

Bonk, M., Chancen für die Nutzung pflanzlicher Proteine, 1999, http://www.inaro.de/deutsch/Rohstoff/Proteine.htm (Zugriff am 03. August 2010).

Brandhorst, J., Spritzendorfer, J., Gildhorn, K., Hemp, M., Dämmstoffe aus nachwachsenden Rohstoffen, Fachagentur Nachwachsende Rohstoffe e.V, 2009, http://www.fnr-server.de/ftp/pdf/literatur/pdf_317-brosch_daemmstoffe2009.pdf (Zugriff am 03. August 2010).

Bühler, T., Biokraftstoffe der ersten und zweiten Generation - Eine umwelt- und innovationsökonomische Potentialanalyse, Hamburg: Diplomica Verlag GmbH, 2010.

Bundesministerium für Umwelt, Naturschutz und Reaktorsicherheit, Erneuerbare Energien, http://www.erneuerbare-energien.de/files/pdfs/allgemein/application/pdf/flyer_entwicklung_ee_2009_bf.pdf (Zugriff am 26. Juni 2010).

—, Zukunftsmarkt Biokunststoffe, 2007, http://www.umweltdaten.de/publikationen/fpdf-l/3451.pdf (Zugriff am 09. August 2010).

Busch, R., Hirth, T., Kamm, B., Kamm, M., Thoen, M., Wie aus Bio Chemie wird, GdCH, 2005, http://www.gdch.de/taetigkeiten/nch/inhalt/jg2005/biomasse.pdf (Zugriff am 09. August 2010).

Centrales Agrar-, Rohstoff-, Marketing- und Entwicklungs-Netzwerk e.V, Nachwachsende Rohstoffe, Wirtschaftsfaktor Biomasse, Straubing: CARMEN, 2009.

Cherubini, F., The biorefinery concept: Using biomass instead of oil for producing energy and chemicals, Energy Conversion and Management 51, 2010: 1412-1421.

Clark, J. H., Deswarte, F. E. I., The Biorefinery Concept - An Integrated Approach, Green Chemistry Centre of Excellence, 2008, http://media.wiley.com/product_data/excerpt/56/04700580/0470058056.pdf (Zugriff am 9 August).

Dechema, Katalyse - eine Schlüsseltechnologie für nachhaltiges Wirtschaftswachstum, Gesellschaft für chemische Technik und Biotechnologie, 2010, Katalyse - eine Schlüsseltechnologie für nachhaltiges Wirtschaftswachstum (Zugriff am 12. August 2010).

—, Vom Biokraftstoff zur Bioraffinerie - Nachwachsende Rohstoffe ergänzen fossile Ressourcen, Gesellschaft für Chemische Technik und Biotechnologie e.V, 2010, http://www.dechema.de/achemasia_media/Downloads/Presse/Trendreports2010/TB16_Nachwachsende+Rohstoffe_d-p-628.pdf (Zugriff am 09. September 2010).

Dechema, GDCh, GGMK, VCI, Positionspapier Rohstoffbasis im Wandel, 2010, http://www.dechema.de/dechema_media/Downloads/Positionspapiere/Positionspapier_Rohstoffbasis+im+Wandel.pdf (Zugriff am 15. Juni 2010).

Demirbas, A., Biorefineries - For Biomass Upgrading Facilities, London: Springer Verlag, 2010.

—, Biomass resource facilities and biomass conversion processing for fuels and chemicals, Energy Conversion and Management 42, 2000: 1357-1378.

—, Biodiesel from vegetable oils via transesterification in supercritical methanol, Energy Conversion and Management 43, 2002: 2349-2356.

—, Comparison of transesterification methods for production of biodiesel from vegetable oils and fats, Energy Conversion and Management 49, 2008: 125-130.

Deutsche BP, Partnerschaft für moderne Biokraftstoffe arbeitet an verschiedenen Butanol-Molekülen, 2008, http://www.deutschebp.de/liveassets/bp_internet/germany/STAGING/home_assets/assets/deutsche_bp/vermischtes/bp_dupont_butanol_final.pdf (Zugriff am 03. August 2010).

Deutschen Industrievereinigung Biotechnologie, Verband der Chemischen Industrie, Statusbericht zu möglichen Potenzialen von Bioraffinerien für die Bereitstellung von Rohstoffen in Industrie und Forschung, 2010, http://www.dib.org/showPDF/showPDF.asp?p=110&docnr=126751&type=xml (Zugriff am 09. September 2010).

DLR, IFEU, Ökologisch Optimierter Ausbau der Nutzung erneuerbarer Energien in Deutschland, Deutsches Zentrum für Luft- und Raumfahrt, Institut für Energie und Umweltforschung, 2004, http://www.wind-energie.de/fileadmin/dokumente/Themen_A-Z/Ziele/Oekologisch_optimierter_Ausbau_Langfassung.pdf (Zugriff am 09. September 2010).

Durand, A, Bioreactor designs for solid state fermentation, Biochemical Engineering Journal 13, 2003: 113-125.

Endres, H. J., Siebert-Raths, A., Technische Biopolymere - Rahmenbedingungen, Marktsituation, Herstellung, Aufbau und Eigenschaften, München: Carl Hanser Verlag, 2009.

European Bioplastics e.V, Ökobilanzen von Biokunststoffen, 2008, http://www.european-bioplastics.org/media/files/docs/de-pub/LCA_PositionsPapier.pdf (Zugriff am 09. August 2010).

European Commission, Biofuels in the European Union – A vision for 2030 and beyond, 2006, ftp://ftp.cordis.europa.eu/pub/fp7/energy/docs/biofuels_vision_2030_en.pdf (Zugriff am 13. August 2010).

Eyerer, P., Elsner, P., Hirth, T., Die Kunststoffe und ihre Eigenschaften, Berlin Heidelberg: Springer Verlag, 2005.

Fachagentur Nachwachsende Rohstoffe e.V, 2009, Rohstoffmengen zur stofflichen Nutzung, http://www.nachwachsenderohstoffe.de/service/daten-und-fakten/industrielle-nutzung/rohstoffmengen/#c3340 (Zugriff am 02. Juli 2010).

—, Biokraftstoff Basisdaten Deutschland, 2010, http://www.fnr-server.de/ftp/pdf/literatur/pdf_174-basisdaten_biokraftstoffe_v10.pdf (Zugriff am 15. September 2010).

Farzaneh, T., Laureano-Perez, L., Alizadeh, H., Dale, B. E., Optimization of the ammonia fiber explosion (AFEX) treatment parameters for enzymatic hydrolysis of corn stover, Bioresource Technology 96, 2005: 2014-2018.

Fernando, S., Adhikari, S., Chandrapal, C., Murali, N., Biorefineries: Current Status, Challenges, and Future Direction, Department of Agricultural and Biological Engineering, Mississippi State University, 2006, http://nfscfaculty.tamu.edu/talcott/Food%20Chem%20605/Class%20Papers%202010/Review-Biofuels.pdf (Zugriff am 13. August 2010).

Fink, H.-P., Fischer, S., Celluloseverarbeitung – umweltfreundliche Technologien auf dem Vormarsch, Fraunhofer-Institut für Angewandte Polymerforschung, 2005, http://www.aulis.de/files/downloads/public/praxis-der-naturwissenschaften-chemie-in-der-schule/07_2005/celluloseverarbeitung_o_e.pdf (Zugriff am 8. Juli 2010).

Fuchs, G, Allgemeine Mikrobiologie, Thieme Verlag: Stuttgart, 2006.

Hasenberg, V., Biokraftstoffe - Potentiale, Herausforderungen und Wege einer nachhaltigen Nutzung, Hamburg: Diplomica Verlag GmbH, 2009.

Heinloth, K., Die Energiefrage, Braunschweig/Wiesbaden: Friedr. Vieweg & Sohn Verlagsgesellschaft, 2003.

Heintz, A., Reinhardt, G., Chemie und Umwelt, Braunschweig/Wiesbaden: Friedr. Vieweg & Sohn Verlagsgesellschaft mbH, 1996.

Hendriks, A. T. W. M., Zeemann, G., Pretreatments to enhance the digestibility of lignocellulosic biomass, Bioresource Technology 100, 2009: 10-18.

Hirth, T., Stoffliche Nutzung nachwachsender Rohstoffe, 2009, http://www.process.vogel.de/management_und_it/einkauf_handel/chemiehandel/articles/183261/ (Zugriff am 29. Juni 2010).

IFEU - Institut für Energie- und Umweltforschung Heidelberg GmbH, Ökobilanzen zu BTL: Eine ökologische Einschätzung, 2006, http://www.bio-sprit.ch/Portals/0/1_de/03_Global/Pdf/2006_IFEU_Oekobilanzen%20BTL.pdf (Zugriff am 05. August 2010).

Iliuta, I., Leclerc, A., Larachi, F., Allothermal steam gasification of biomass in cyclic multi-compartment bubbling fluidized-bed gasifier/combustor – New reactor concept, Bioresource Technology 101, 2010: 3194-3208.

Industrievereinigung Chemiefaser e.V, Chemiefasern - Von der Herstellung bis zum Einsatz, http://www.ivc-ev.de/live/download.php?media_id=400 (Zugriff am 03. August 2010).

Institut für Demoskopie Allenbach, Naturheilmittel 2002, 2002, http://www.aerzteblatt.de/v4/plus/down.asp?typ=PDF&id=930 (Zugriff am 03. August 2010).

IVC, Die Chemiefaser-Industrie in der Bundesrepublik Deutschland 2009/2010, 2010, http://www.ivc-ev.de/live/download.php?media_id=2674 (Zugriff am 02. August 2010).

Kaltschmitt, M., Hartmann, H., Energie aus Biomasse - Grundlagen, Techniken und Verfahren, Berlin: Springer Verlag, 2009.

Kamm, B., Biobasierte Industrielle Produkte und Bioraffinerie-Systeme - Ein Weg in die industrielle Zukunft des 21, Jahrhunderts? 2001, http://www.herzo-agenda21.de/_PDF/bioraf.pdf (Zugriff am 07. September 2010).

—, Biomasse-Wirtschaft und Bioraffinerie-Systeme, Leibnitz Institut, 2008, http://www.leibniz-institut.de/archiv/kamm_16_07_08.pdf (Zugriff am 09. August 2010).

—, Principles of biorefineries, Springer Verlag, 2004, http://www.springerlink.com/content/pjmlrkam0mgpykea/ (Zugriff am 19. Juli 2010).

Kamm, B., Gruber, P. R., Kamm, M., Biorefineries - Industrial Processes and Products, Status Quo and Future Directions, Volume 1, Weinheim: WILEY-VCH Verlag GmbH & Co, KGaA, 2008.

Kamm, B., Hille, C., Schönicke, P., Grüne Bioraffinerie-Demonstrationsanlage im Havelland, Leibnitz Institut, 2009, http://www.leibniz-institut.de/archiv/kamm_17_10_09.pdf (Zugriff am 08. September 2010).

Kamm, B., Kamm, M., International biorefinery systems, Research Institute Bioactive Polymer Systems e.V, and Brandenburg University of Technology Cottbus, 2007, http://media.iupac.org/publications/pac/2007/pdf/7911x1983.pdf (Zugriff am 07. September 2010).

Karus, M., Ortmann, S., Vogt, D., Müssig, J., Naturfaserverstärkte Kunststoffe, Fachagentur Nachwachsende Rohstoffe e.V, 2005, http://mbase.aixhibit.de/nfibrebase/homepage/files/pdf_227nfk_2006.pdf (Zugriff am 02. August 2010).

Katalyse Institut für angewandte Umweltforschung, Katalyse Institut für angewandte Umweltforschung, 2010, http://www.umweltlexikon-online.de/RUBwerkstoffmaterialsubstanz/Ethylen.php (Zugriff am 03. August 2010).

Kristof, K., et al, Kaskadennutzung von nachwachsenden Rohstoffen, 2009, www.wupperinst.org/uploads/tx_wibeitrag/WP180.pdf (Zugriff am 30. Juni 2010).

Lenihan, P., Orozcoa, A., O'Neill, E., Ahmada, M. N. M., Rooneya, D. W., Walker, G. M., Dilute acid hydrolysis of lignocellulosic biomass, Chemical Engineering Journal 156, 2010: 395-403.

Liu, C., Wyman, C. E., Partial flow of compressed-hot water through corn stover to enhance hemicellulose sugar recovery and enzymatic digestibility of cellulose, Bioresource Technology 96, 2005: 1978-1985.

Lörcks, J., Biokunststoffe, Fachagentur Nachwachsende Rohstoffe e.V, 2005, http://www.fnr-server.de/ftp/pdf/literatur/pdf_224biokunststoff_2006.pdf (Zugriff am 26 Juli).

Marscheider-Weidemann, F., Angerer, G., Schleich, J., Verstärkter Einsatz von Schmier-, Verfahrens- und Treibstoffen auf Basis nachwachsender Rohstoffe in umweltsensiblen Bereichen, 2005, http://isi.fraunhofer.de/isi/publ/download/isi05b49/Schmierverfahren-Treibstoffe-Ordnungspolitische-Rahmenbedingungen.pdf?pathAlias=/publ/downloads/isi05b49/Schmierverfahren-Treibstoffe-Ordnungspolitische-Rahmenbedingungen.pdf (Zugriff am 28. Juli 2010).

McKendry, P., Energy production from biomass (part 2): conversion technologies, Bioresource Technology 83, 2002: 47-54.

Menrad, K., et al, Produkte aus nachwachsenden Rohstoffen – Markt, makroökonomische Effekte und Verbraucherakzeptanz, Fachhochschule Weihenstephan, C.A.R.M.E.N, 2006, http://www.wz-straubing.de/fachhochschule-weihenstephan/download/endbericht%20tab.pdf (Zugriff am 15. September 2010).

méo Consulting Team, IE Leipzig, Faserinstitut Bremen, Marktanalyse Nachwachsende Rohstoffe, 2006, http://www.fnr-server.de/ftp/pdf/literatur/pdf_254marktstudie_2006.pdf (Zugriff am 15. September 2010).

Mineralölwirtschaftsverband e.V, 2009, http://www.mwv.de/cms/upload/pdf/jahresberichte/JB_y_2008.pdf (Zugriff am 02. Juli 2010).

Müller-Sämann, K. M., Reinhardt, G., Gärtner, S., Nachwachsende Rohstoffe in Baden-Württemberg: Identifizierung vorteilhafter Produktlinien zur stofflichen Nutzung unter besonderer Berücksichtigung umweltgerechter Anbauverfahren, Forschungszentrum Karlsruhe, 2003, http://www.landwirtschaft-mlr.baden-wuerttemberg.de/servlet/PB/-s/15fepx47hhkw4r2smpo1gedyio1f321v3/show/1159868_l1/BWplus_Endbericht.pdf (Zugriff am 03. August 2010).

nova-Institut GmbH, Branchenführer Innovative Biowerkstoffe 2010, 2010, http://www.nova-institut.de/pdf/bib2010.pdf (Zugriff am 03. August 2010).

—, Entwicklung von Förderinstrumenten für die stoffliche Nutzung von nachwachsende Rohstoffe in Deutschland, 2010, http://www.nova-institut.de/pdf/10-05-19%20Studie-Stofflich.pdf (Zugriff am 26. Juni 2010).

Novamont GmbH, Mater-Bi – eine biologisch abbaubare Alternative zu herkömmlichen Kunststoffen, 2010, http://www.novamont.com/default.asp?id=611 (Zugriff am 2. Juli 2010).

NREL, Biomass Research, 2009, http://www.nrel.gov/biomass/biorefinery.html (Zugriff am 09. August 2010).

Oertel, D., Industrielle stoffliche Nutzung nachwachsender Rohstoffe, 2007, http://www.tab-beim-bundestag.de/de/pdf/publikationen/berichte/TAB-Arbeitsbericht-ab114.pdf (Zugriff am 2. Juli 2010).

Peterek, G., Paul, N., Nachwachsende Windmühlen, 2010, http://www.nachwachsenderohstoffe.de/presseservice/pressemitteilungen/archiv/archiv-nachricht/?tx_ttnews[tt_news]=941&tx_ttnews[year]=2009&tx_ttnews[month]=05&tx_ttnews[day]=19&cHash=97bdbfd2c795ee2ce7eada558de26a46 (Zugriff am 02. August 2010).

Peters, D., Holst, N., Herrmann, B., Lulies, S., Stolte, H., Nachwachsende Rohstoffe in der Industrie, 2010, http://www.fnr-server.de/ftp/pdf/literatur/pdf_228-bro_nr_industrie_dt_15072010_02_klein.pdf (Zugriff am 02. Juli 2010).

PlasticsEurope Deutschland e.V, Produktions- und Verbrauchsdaten für Kunststoffe in Deutschland unter Einbeziehung der Verwertung 2003, PlasticsEurope Deutschland, http://www.kunststoffe.org/download/pdf/Consultic2003_kurz.pdf?PHPSESSID=9a5ff4175a6acb24e6e2ac9afd7c3c4f (Zugriff am 12. August 2010).

PlasticsEurope, Erzeugung von Kunststoff in Deutschland 2007 bis 2009, 2010, http://www.vke.de/download/pdf/100511%20Grafiken%20zur%20WPK%202010.pdf?PHPSESSID=e6eeae81b9bd89ca32146ac704cfcaa2 (Zugriff am 09. August 2010).

PNNL NREL, Top Value Added Chemicals From Biomass, National Renewable Energy Laboratory, 2004, http://www.pnl.gov/main/publications/external/technical_reports/PNNL-14808.pdf.

Poth, S., Monzon, M., Tippkötter, N., Prozessintegration von Hydrolyse und Fermentation von Cellulose-Faserstoff, WILEY-VCH Verlag GmbH & Co, KGaA, 2010, http://onlinelibrary.wiley.com/doi/10.1002/cite.200900103/pdf (Zugriff am 12. August 2010).

Realff, M. J., Abbas, C., Industrial Symbiosis - Refining the Biorefinery, Journal of Industrial Ecology, 2008, http://onlinelibrary.wiley.com/doi/10.1162/108819803323059343/pdf (Zugriff am 09. August 2010).

Reinhardt, G., Gärtner, S., Patyk, A., Industrielle stoffliche Nutzung nachwachsender Rohstoffe – Energetische Nutzung, ifeu – Institut für Energie- und Umweltforschung Heidelberg GmbH, 2005.

—, Ökologische Bewertung von nachwachsenden Rohstoffen: Bewertungsrahmen und Ergebnisse, 2005, http://www.ifeu.de/landwirtschaft/pdf/IFEU-TAB-Nawaro-stofflich.pdf (Zugriff am 03. August 2010).

Schellnhuber, H. J., Rahmstorf, S., Der Klimawandel, München: Verlag C.H, Beck oHG, 2007.

Schmitz, N., Henke, J., Klepper, G., Biokraftstoffe - eine vergleichende Analyse, Fachagentur Nachwachsende Rohstoffe e.V, 2006, http://www.bio-sprit.ch/Portals/0/1_de/01_Roh_Tech/Pdf/pdf_236biokraftstoffvergleich2006.pdf (Zugriff am 05. August 2010).

Schön, M., Numeric Modelling of Anaerobic Digestion Processes in Agricultural Biogas Plants, Norderstedt: Innsbruck University Press, 2010.

Sun, Y., Cheng, J., Hydrolysis of lignocellulosic materials for ethanol production: a review, Bioresource Technology 83, 2002: 1-11.

Sustoil, The Objectives Of SUSTOIL, Green Chemistry Centre of Excellence, 2010, http://www.york.ac.uk/res/sustoil/Pages/Objectives.html (Zugriff am 13. August 2010).

Uihlein, A., Schebeck, L., Environmental impacts of a lignocellulose feedstock biorefinery system: An assessment, Biomass and Bioenergy 33, 2009: 793-802.

Umweltbundesamt, Nachhaltige Flächennutzung und nachwachsende Rohstoffe, 2009, http://www.umweltdaten.de/publikationen/fpdf-l/3861.pdf (Zugriff am 28. September 2010).

UN Department of Economic and Social Affairs, 2004, http://www.un.org/esa/dsd/agenda21/res_agenda21_19.shtml (Zugriff am 09. August 2010).

United Nations Industrial Development Organization, Navigating Bioenergy - Contributing to informed decision making, 2009, http://www.unido.org/fileadmin/user_media/Publications/Pub_free/Ebook_green_industry.pdf (Zugriff am 13. August 2010).

van Ree, R., Annevelink, B., Status Report Biorefinery 2007, 2007, http://www.biorefinery.nl/fileadmin/biorefinery/docs/publications/StatusDocumentBiorefinery2007final211107.pdf (Zugriff am 07. September 2010).

VCI, Rohstoffbasis der chemischen Industrie, 2010, http://www.vci.de/default2~cmd~shd~docnr~126033~rub~743~tma~1~nd~.htm (Zugriff am 29. Juni 2010).

Wagemann, K., Statusbericht Bioraffinerie, 2010, http://www.process.vogel.de/anlagen_apparatebau/engineering_dienstleistung/bioanlagen/articles/256058/index4.html (Zugriff am 07. September 2010).

Wagner, S., Graf, N., Böchzelt, H., Schnitzer, H., Nachwachsende Rohstoffe für die chemische Industrie, Bundesministeriums für Verkehr, Innovation und Technologie, Österreich, 2005, http://www.energytech.at/nw_pdf/0530_nawaro_chemieindustrie.pdf (Zugriff am 17. September 2010).

Walther, D., Green Business - das Milliardengeschäft, Wiesbaden: Gabler, Springer Fachmedien, 2009.

WBGU, Welt im Wandel - Zukunftsfähige Bioenergie und nachhaltige Landnutzung, Wissenschaftlicher Beirat der Bundesregierung, 2008, http://www.wbgu.de/wbgu_jg2008.pdf (Zugriff am 26. Juni 2010).

White, T. C., Hindle, C. D., Genetic constructs and genetically modified microbes for enhanced production of beta-glucosidase , USA Patent United States Patent 6015703 , 2000.

WI, RWI Essen, Nutzungskonkurrenzen bei Biomasse, Wuppertaler Institut für Klima, Umwelt, Energie GmbH (WI), Rheinisch-Westfälisches Institut für Wirtschaftsordnung (RWI Essen), 2008, http://www.rwi-essen.de/media/content/pages/publikationen/rwi-projektberichte/PB_Biomasse-Nutzungskonkurrenz.pdf (Zugriff am 11. August 2010).

Yang, S. T., Bioprocessing for Value-Added Products from Renewable Resources, Amsterdam: Elsevier, 2007.

Zhang, L., Xu, C. C., Champagne, P., Overview of recent advances in thermo-chemical conversion of biomass, Energy Conversion and Management 51, 2010: 969-982.

7 Abbildungsverzeichnis